你其实不懂儿童心理学（升级版）

DON'T TELL ME YOU KNOW CHILD PSYCHOLOGY

作者 • 刘琛

南方出版社

图书在版编目（CIP）数据

你其实不懂儿童心理学 ：升级版 / 刘琛著.—海口 ：南方出版社，2017.10（2018.6重印）

ISBN 978-7-5501-3967-1

Ⅰ.①你… Ⅱ.①刘… Ⅲ.①儿童心理学－通俗读物
Ⅳ.①B844.1

中国版本图书馆CIP数据核字(2017)第178305号

你其实不懂儿童心理学·升级版

刘琛 / 著

责任编辑： 孙宇婷 王田芳
责任校对： 盛 洁
版式设计： 吴 磊
出版发行： 南方出版社
地 址： 海南省海口市和平大道70号
电 话： （0898）66160822
传 真： （0898）66160830
经 销： 全国新华书店
印 刷： 三河市北燕印装有限公司
开 本： 690mm×960mm 1/16
字 数： 120千字
印 张： 14
版 次： 2018年6月第1版第2次印刷
书 号： ISBN 978-7-5501-3967-1
定 价： 36.00元

新浪官方微博：http://weibo.com/digitaltimes

刘瑮

资深儿童心理咨询专家，畅销书作者，长期致力于婴幼儿心理、儿童心理的研究。尤其擅长通过观察儿童的行为解读其背后的心理需求，主张通过合理的游戏引导开发儿童的思维，为孩子建立健康的心理观念。

它
可以解释，并帮助
你和孩子的生活步入正轨
从此，
告别一团糟

序言

父母是孩子最好的心理医生

心理学家皮亚杰毕生致力于儿童心理的研究，为20世纪亲子教育的发展提供了大量的实验资料和理论指导。他提出了建构主义发展观，强调要根据儿童的自身情况，结合儿童的心理特征，对儿童进行卓有成效的亲子教育。这个理论为亲子教育打开了全新的视野。如果父母不了解自己孩子的心理，那么在对孩子进行的智商、情商教育上，就会出现很多问题，轻则事倍功半，重则出现反面影响。因此，有专家呼吁，父母必须要懂一点儿童心理学，才能做好孩子的心理医生。

随着电视、网络的普及，孩子们越来越成人化。这让很多父母措手不及，孩子们不再是他们眼中的“小小人”，孩子们的童年经历跟他们自己的童年经历完全不一样了。现在的孩子提问题有时很直接，很多父母因为准备不足，都不知道怎么回答。很多父母因为亲子关系处理得不好而焦头烂额。

当下的家庭教育有一种普遍的现象，父母本着爱的名义，希望孩子全盘接受自己为他做出的安排，却忽视甚至全然不顾孩子自身的感受。

父母的动机当然是为了孩子好，但是父母的行为未必是对的。当孩子的认知水平远超过父母当年，甚至对父母当下的认知水平也产生了巨大挑战的时候，孩子就成了父母眼里“不懂事”“不能体察父母良苦用心”的人。父母的用心良苦和孩子的不领情相碰撞就会导致亲子关系出现裂痕。父母应该意识到，仅仅以自己的主观意愿来对孩子好，是不行的。其实，孩子拥有自己的判断力和诉求，这对孩子和父母来说都是好事，很多父母却感觉备受打击。之所以出现这种情况，是因为很多父母觉得:孩子不好管，胆大妄为，目无尊长;过于自我，不会体谅人;不求上进，不能理解父母的苦心，等等。父母为此苦恼不已，却找不到行之有效的解决方法。

事实上，父母常常纠结于这些表面问题，而忘了去寻找最根本的解决方法。父母对孩子的爱没有改变，孩子对父母的依赖也没有改变。父母是孩子的第一任老师，家庭是孩子的第一所学校，从古至今，这些都是言之凿凿的。不过由于社会环境的变化，情况发生了改变，或者说是亲子关系中一直存在的问题产生了相应的变化。在亲子教育中，孩子的心理健康问题越来越受到重视。心理学家指出，孩子的心理是否健康会影响孩子的一生，关乎孩子的幸福指数，因而也是父母避不开的话题。

父母应该知晓一些常见的儿童心理疾病的起因、伤害程度等。例如，不健康的环境会使孩子心理扭曲，并导致可怕的心理疾病。这种疾病会让孩子做出过激的举动，伤害自己和他人。即使一般的心理疾病，对个体的伤害也远远超过我们的预测，例如自闭症、极度缺失安全感以及恋物癖等。至于其他一些更常见的心理问题，诸如过分的自负、依赖、自私等，也会破坏孩子的人际关系，妨碍他以后的成就。

童年的经历对人的一生具有蝴蝶效应。孩子的优秀品质可能因为父母的某些行为得到确立和强化;孩子的劣势心理和负面情绪也可能因为父母的视而不见而根深蒂固。就此而言，在某种程度上，是父母造成了孩子的心理问题。做父母的一定要意识到，对于孩子来说，只有心理健康，才有美好的未来;心理不健康的人要么生活得很压抑、苦闷，要么会做出疯狂之举，对社会和他人造成伤害。因而，对于父母来说，亲子教育应该侧重于心理教育，每一对父母都应该懂得生活中常见的儿童心理学法则，做好孩子的心理医生。孩子的言行举止，都可以在儿童心理学中找到对应的揭秘法则。父母熟悉并掌握了心理学，就好像有了火眼金睛，孩子的负面情绪和不健康心理都将清清楚楚地展现在眼前。父母只要结合对应的方法给予孩子必要的矫正，成功的亲子教育将不再是难事。

本书通过对孩子常见言行的深入剖析，找出其背后隐藏的心理问题，并总结出父母需要掌握的心理学法则。

如果父母会解读孩子的行为和情绪，就能因势利导，帮助孩子养成一生受益的习惯和技能。即使孩子出现了心理异常，父母也不再一筹莫展、束手无策，而是有了明确的诊断和有效的治疗方法，迅速地将问题消灭。比如，通过孩子说什么和做什么的外在行为表现，我们就能知道孩子内在的真实目的。如此，父母再不会因为不懂心理学，而误将孩子正常的举动视为乖张的行为，也不会对孩子因为一些心理疾病而流露出来的古怪举动熟视无睹。

同时，对孩子心理的了解和把握，反过来对父母也提出了较高的要求，让父母对自己的行为背后的心理学密码有所了解。教学相长，孩子和父母的心理都得到了有效的清理和健全，这是学习儿童心理学最大的收获。

希望所有的父母都不再为不了解孩子的心理而烦恼，也不再为自己的教育无效而忧愁，更不会因为踏入某些显而易见的教育误区，给孩子的心理带来不好的影响。当父母成为孩子的心理医生，父母对孩子的教育就会事半功倍。

目录
Contents

第一章　做最称职的父母——儿童心理学入门

3　确定你孩子的性格类型:因材施教
12　熟悉孩子的常见心理:有的放矢
22　尊重孩子的安全边际:平等原则
26　给孩子更好的成长空间:适度关注
29　爱孩子，更要会爱孩子:细心原则

第二章　从哀叹为什么到知道怎么办——父母的苦恼一扫光

35　孩子为什么不听话:禁果效应
39　孩子为什么撒娇:安全效应
43　孩子为什么怕黑:睡眠障碍
47　孩子为什么不耐烦:超限效应
50　孩子为什么忘性大:遗忘曲线规律
53　孩子为什么人来疯:选择性缄默
57　孩子为什么爱说谎:心理畸变
61　孩子为什么坐不住:多动障碍

第三章　言为心声——孩子这么说，父母这么听

67 “我要！我就要！我还要！”:提防孩子的占有欲

70 “不要你们帮，让我自己来！”:培养孩子的自信

74 “好妈妈，快亲我一下啊！”:拒绝孩子的依赖性

77 “妈妈，我做了个奇怪的梦！”:引导孩子的沟通欲

81 “那个是我的!不给他玩!”:建立孩子的自我意识

84 “你再这样,我真的生气了!”:彰显孩子的独立意识

88 “我就不听！我就不听！”:提升孩子的情商

91 “看那个老奶奶,她真可怜!”:激发孩子的同理心

第四章　正确解读信号——孩子异常行为背后的心理密码

97 撕书扔东西:孩子的攻击欲望强

101 吮吸大拇指:孩子有另类饥渴

104 怕生不敢说话:孩子患有社交恐惧症

107 奇怪的恋物癖:孩子找不到情感寄托

110 不敢尝试第一次:孩子极度缺乏自信

113 大声尖叫，情绪失控:孩子渴望被关注

116 可笑的异食癖:孩子不安全感在增强

119 孩子躲避检查:不可忽视的阉割忧虑

122 过多的异常行为:孩子缺乏关爱

第五章　孩子不爱学习怎么办——心理学教父母因势利导

129 椰壳效应:帮孩子克服厌学心理

132 兴趣心理:让孩子喜欢上学习

135 成就动机:让孩子主动去学习

138 感官协同效应:提高孩子的学习效率

142 7±2 法则:给孩子的学习任务要适量

145 高原现象:有效应对孩子学习成绩止步不前

148 倒 U 型假说:给孩子适当的压力

151 马太效应:自信带来成功,成功增强自信

第六章　让孩子与众不同——利用心理学法则培养孩子

157 避雷针效应:及时疏导孩子的坏情绪

160 凯迪拉克效应:让孩子发挥自己的特色

163 洛克定律:有专 目标,才有专注行动

166 甘地夫人法则:让孩子从容面对挫折

170 南风效应:宽容比惩罚更有效

174 罗森塔尔效应:有一种期望可以激励孩子

177 狐狸法则:培养孩子的独立性

180 亲和效应:让孩子拥有好人缘

第七章“坏孩子”父母造——父母不可不知的心理教育误区

187 父母行使否决权，破坏了首因效应

190 父母爱唠叨，孩子容易患上心理疾病

193 父母一味溺爱，导致孩子任性

196 父母的占有欲，刺激孩子的自私

199 父母开空头支票，让孩子习惯撒谎

202 父母设置“附加值”，导致孩子心理障碍严重

205 父母使用冷暴力，给孩子带来一生的阴影

208 父母互相拆台，导致孩子的自闭心理

第一章 做最称职的父母
——儿童心理学入门

孩子不听话，不让自己满意，甚至和自己对着干；自己不能理解孩子在想什么，需要什么，亲子教育遇到了大麻烦。碰上这些情况，很多人喜欢一言以蔽之：代沟。但是代沟只是对现象的描述，而不能成为解决问题的良方。哀叹“我和孩子之间有代沟”是很不负责任的说法。事实上，代沟完全是由父母的“无知”造成的，因为他们对孩子真的一无所知。如果父母能了解一点儿童心理学，很多问题都将迎刃而解。所以，想要成为称职的不烦恼的父母，就要学习儿童心理学。

确定你孩子的性格类型：因材施教

王女士的孩子2岁时，脾气就特别执拗，要被小心哄着才听大人的话。随着年龄的增长，孩子的脾气越来越大，什么事情都很顶真，不依不饶。王女士的脾气也很大，有的时候气急了还会关孩子禁闭，不让孩子吃饭甚至是打孩子屁股。不过让她失望的是，这些方法收效甚微，孩子还是我行我素，经常和父母顶嘴。

王女士不知道她的孩子是典型的胆汁质性格。这种类型的孩子随着年龄的增长，自我意识会迅速觉醒。这个时候如果父母违背他们的“天性”，他们轻则对父母的安排失去兴趣，重则产生抵触和反抗心理。而当父母比较强势时，在亲子关系中，就会出现对峙。

其实，出现这种状况，很多时候父母要担负主要责任。孩子的性格类型是什么？兴趣是什么？孩子为什么会产生这样的兴趣？父母知之甚少。所以，父母只有解决了这些问题，然后顺藤摸瓜，才能懂得孩子，才能知道如何与孩子相处，以及如何教育和引导孩子。

古希腊名医希波克拉底认为，人体内含有血液、黏液、黄胆汁、黑胆汁四种体液，人的外在表现由这四种体液的多寡搭配而定。俄国生理学家巴甫洛夫通过实验研究发现，神经系统的兴奋和抑制过程具有强度、平衡性、灵活性三种基本特性。根据这三种特性的差异组合，人的高级神经活动可以分为四种类型，与希波克拉底的分类恰好可以一一对应，即可划分为四种性格类型:多血质、黏液质、胆汁质和抑郁质。

从儿童心理学角度入手，根据儿童的性格类型因材施教很有必要。性格是先天的，无好坏之分。父母需要明确的是，性格类型不能决定一个孩子将来成就的大小。许多父母总以为多血质、胆汁质的孩子将来成就大，而黏液质、抑郁质的孩子日后成就有限。这种看法是片面的。更值得警惕的是，如果父母存有这种先入为主的观念，对孩子的发展是极为不利的。因为性格类型只能在孩子的先天特质上修补，而不能完全推翻。如果父母强行要求自己的孩子把性格类型从抑郁质变为多血质，只会给孩子带来可怕的结果。

每一种性格类型既有积极方面，也有消极方面。胆汁质的孩子热情好动，但显得冲动，缺少耐心;多血质的孩子活泼亲切，但可能轻率肤浅;黏液质的孩子恬静稳重，但可能略显迟钝;抑郁质的孩子感情深刻，但可能内向孤僻。因此，每一种性格类型都有不稳定性，孩子最终会向积极的还是消极的方面发展，取决于父母在日常生活中是否施加了正确的影响。

父母可以采用具体的方法，强化孩子性格类型中好的一面，压制甚至消除不好的一面。为了达到这一目的，父母首先应了解孩子的性格类型，并教育孩子正确地对待自己的性格类型，改造自身的消极方面，使个性更为完美。虽然孩子出生后，性格类型已经确立，但典型性格特征还需要后天来完善。大多数孩子是以某种性格特征为主，同时又兼具其他性格特征。在社会生活和成长过程中，在父母的教育影响下，孩子兼具的这些性格特点是可以进行微调的。根据孩子所属的性格类型，父母可以有针对性地进行教育引导，以更好地塑造孩子。

下面我们具体来分析一下孩子的不同性格类型和父母应该采取的相应方法。

胆汁质的孩子

从气质特征来看，胆汁质的孩子一般目标很明确，做什么事都以目标导向为基础，他们独立性很强，不太希望别人施以援手。他们需要的是自由的成长空间，如果父母总是习惯性地对他们加以限制，打击他们原始、向上的精神，显然会让他们积极主动的天性受到伤害。

有这样一个著名的实验：科学家将跳蚤放在一个封闭的环境里，然后不断降低这个空间的高度，最后，由于长期的高度限制跳蚤都不会跳了。具有胆汁质性格的孩子有很多优点，一旦父母利用强制手段限制他们，这些优点可能就会消失。孩子由“跳蚤”变成“爬蚤”，估计是所有父母都不愿意看到的情景。

胆汁质的孩子比较有主见，爽快率直，不拘小节，并且有很强的支配力，不希望其他人总是支配和压制自己。这类型孩子最大的特点就是性子急，遇事容易仓促做决定。他们总是安静不下来，不是坐在椅子上乱动，就是到处走来走去，还常常会发出奇怪的叫声，显得很好动，像患了多动症一样。

胆汁质的孩子优点明显，但缺点也很明显。他们比一般孩子更勇敢，更容易对外界的刺激做出反应，所以在幼儿园里，他们的表现往往更突出一些。但胆汁质的孩子自我约束能力不强，很容易形成“骄”“娇”二气，没有耐心，做事容易失败。这是他们性格中最明显的短板。在胆汁质的孩子身上，短板效应尤其明显。胆汁质的孩子总是被他们的短板扯了后腿，制约了发展。

胆汁质的孩子比较自信，独立性和自主性都很强，往往会忽视他人的善意忠告，一意孤行，酿成苦果。所以对于父母来说，让胆汁质的孩子学会接受他人的意见，显得尤其重要。只有学会接受意见，他们才能更好地适应环境，更顺畅地与他人合作，大大增加获得成功的可能性。要让胆汁质的孩子接受别人，首先要让他们学会认识自己。然而胆汁质的孩子恰恰是最难认清自己的，他们常夸大自己的优势面，对自己的缺点往往视而不见。通过性格气质的分析，父母就能够让孩子对自己有所了解，否则的话，即使父母给他充足的空间，他也会受制于自己的短板，难于展翅飞翔。

在日常生活中，常常看见胆汁质的孩子在行为表现等各方面都很优秀，但自控能力很差，所以这类孩子的父母应该注重培养他们的自控能力。对于这类孩子，一般的约束可能不仅起不到相应的作用，反而会引起他们的抵触心理，特别是如果父母限制太严，很容易激发他们的反叛心理。所以，对胆汁质的孩子来说，父母需要讲究一定的技巧，宜采用“指导”而不是“领导”的办法，为孩子创造一个更大的空间，这样才能使孩子比较容易接受自己的建议，从而更大限度地发展孩子的潜力。

抑郁质的孩子

抑郁质的孩子一般都比较胆小，不爱讲话，不爱与人交往。他们说话的声音很小，对出头露面的事情不太关注。他们情感细腻，容易受到外界的影响，当受到表扬或批评时，就会表现出情绪的高涨或低落。他们离开亲人会难受得撕心裂肺，见到亲人又会高兴得泪流满面。抑郁质的孩子的优点是：安静、遵守秩序、富有同理心、专注、想象力丰富、情感体验持久、善于觉察细微的变化等。他们的缺点是：胆小、不爱讲话、不爱与人交往、孤僻、缺乏信心、敏感、沉闷等。

抑郁质的孩子很在意外界对自己的评价。当外界环境宽松的时候，他们的表现就会很自如；如果外界压力过大，他们就会有情绪波动，严重的甚至会出现自闭症。基于这样的性格特征，抑郁质的孩子很容易被外界所左右。心理学上有一个破窗效应，就是提醒父母对于抑郁质的孩子，一定要将其与外界不好的影响隔离开。

破窗效应是美国心理学家詹巴斗通过试验得出的结论。他将同样的汽车分别停放在不一样的社区，一为富人区，一为贫民窟。结果前者一个星期都安然无事，而后者不到一天就被人偷走了。接着，詹巴斗把停在富人区的汽车的一块车窗玻璃敲碎了，结果，仅过了几个小时车就被偷走了。詹巴斗认为每个人都会受到某些暗示性的纵容，在外界刺激的影响下，做出一些出格的事情。

对于抑郁质的孩子来说，这种效应更加明显，他们会被父母的“坏评价”所引导，成为“坏孩子”，让父母越来越不省心。相反，如果父母能够适时鼓励，他们就会产生更强的动力，会变得更好。因此，父母要在家庭教育中注意保持轻松、快乐、温馨的气氛。这种氛围对抑郁质孩子的成长非常有利。父母要注意的是，当环境发生变化时（特别是家庭发生变故，孩子可能会产生不安全感的时候），要更加关心和照顾他们，鼓励他们参加集体活动，增强他们对环境的适应能力，帮助他们克服孤僻、敏感的情绪反应。

抑郁质的孩子需要更多的爱，父母应该想办法让他们感觉到更多的爱。这也是改善这种类型孩子性格的最好方法。同时，抑郁质的孩子比其他类型的孩子更渴望被欣赏，这个时候父母应该多运用激赏教育。美国心理学家詹姆士提出了“肯定原则”，他认为“人最本质的需要是渴望被肯定”。每一个孩子自我意识的产生，主要依赖于父母对他的评价。对于抑郁质的孩子而言，他们尤其需要得到父母的肯定，以增强他们的自信心。对于他们，父母应该不吝赞扬和鼓励。父母要记住，一句简单的肯定，会给抑郁质的孩子带来莫大的鼓舞，极大地提升他们的自信和前进的动力。

爱与欣赏可以逐渐缓解抑郁质孩子的敏感性，帮助他们融入周围的环境。

黏液质的孩子

黏液质的孩子的优点是:情绪稳定、做事稳重、考虑问题全面、安静、善于克制和忍耐、注意力稳定而集中。他们的缺点是:缺乏主见、压抑自己的感受、自我麻醉、消极。

黏液质的孩子一般比较安静，喜欢沉浸在自己的精神世界中，不易受到周围刺激的烦扰。他们常按老习惯办事，不喜欢做出改变，也不喜欢辩解，但这并不意味着他们不具有反抗精神，他们只是消极对待而已。情绪郁积时间过长容易造成心理障碍，这反而更可怕。很多父母拿孩子消极的“非暴力不合作”完全没有办法。虽然黏液质的孩子很平和，但他们也有坚强的一面。父母应该去激发他们，给他们足够的动力，给他们创造机会。只有这样，黏液质的孩子才能不将“随便”这样的消极词语当作自己的口头禅和行为习惯，才能勇于尝试，不封闭自己的感受，不为发展设限。

黏液质的孩子一般不愿意与别人沟通，总是避免对抗。他们容易满足，没有过分的要求，显得很乖。黏液质的孩子在遇到问题时，总是倾向于忽视它，拒绝去解决它。他们往往压抑自己的感受，往往缺乏主见。他们往往不以真实的自我来面对周围的一切，追求所谓的安静、平和，所以很容易成为被支配的对象，失去自我。黏液质孩子的这一特点，父母一定要注意。

黏液质的孩子和外界的互动不足，很少有事物能引起他们的参与热情，他们还经常会给父母的计划泼冷水，而且表述自我时，带有很大的虚假性。因此面对黏液质的孩子，父母应该改善自己的教育方式。父母不能总是苛求孩子，更不要总是责问孩子，压力会让孩子患上谎言癖。父母要做的除了点燃孩子的激情以外，更要以正面的方式方法来引导和教育他们。

黏液质的孩子如果教育得不好，容易形成保守、固执、冷漠、不关心他人和集体等性格，并且性格多面。所以和对待抑郁质的孩子一样，父母应该去赞扬、鼓励和引导黏液质的孩子，而不要一味地批评和束缚他们。积极的教育方式才能塑造积极的性格，才能培养出一个积极向上的孩子。

多血质的孩子

多血质又称“活泼型”，这种类型的孩子活泼好动、精力充沛、反应迅速、善于交际、适应环境的能力较强。他们的缺点是:缺乏耐心，注意力不易集中，兴趣广泛却往往不够稳定、持久，情绪不稳定，做事浮躁，不踏实，怕吃苦，投入度不够。多血质的孩子往往具有较大的可塑性，父母要注意培养他们踏实、坚韧的个性品质，要严格要求他们，避免他们自由化。

多血质的孩子优缺点都很明显，父母要做到扬长避短，除了要发挥他们的机智灵活、善于交际等优势外，还要注重培养他们的耐心、毅力、专注和踏实的品质，以及做事有始有终的习惯。对这些性格品质的培养，父母要循序渐进，逐步提高要求和标准。比如，鉴于多血质孩子好动的特点，父母应该有意安排一些益智游戏或文体活动，如弹琴、唱歌、画画、练字等，慢慢地减少孩子性格中好动的因素，让孩子逐渐弥补自身性格中的不足。

对多血质的孩子，父母应该抓住其主要的优缺点，进行专项教育，健全孩子的性格。例如，针对孩子性格特征中的优势，父母应该因势利导，发挥孩子的长处，着力培养孩子活泼开朗的良好性格；同时也不能对他们的缺点掉以轻心。对多血质的孩子，尤其要注意培养他们的自我控制能力和锲而不舍的精神，加强他们的责任意识和自律意识。只有这样，父母才能把多血质的孩子培养成具有勇敢、顽强、乐观向上等良好性格的人。

专家支招

每个孩子一出生就有自己独特的性格类型，而每对父母也都有各自的性格类型。父母不仅要了解孩子的性格类型，还应该了解自己的性格类型，知道自己与孩子性格中的优点和缺点，这样才能够更好地与孩子相处，使亲子关系和谐融洽，才能给予孩子更为有效的教育和引导。

根据孩子的性格类型因材施教，其策略着眼点不是改变孩子的天性，而是旨在改变父母对孩子的教育方法，帮助父母在接受、理解和尊重孩子的个性特征的基础上，规避不利的和错误的方法，为孩子营造出有利的生活环境，并引导他们扬长避短，最终使孩子的个性和技能得到健康和谐的发展。

熟悉孩子的常见心理:有的放矢

在一次家长会后，李女士颇为头疼地向班主任老师谈起了儿子在家里的表现:就像小皇帝一样，他想干什么就干什么，想要什么就要什么，如果父母不顺从他，他就找爷爷奶奶、外公外婆，怎么说也不听，非得要大家顺自己的心……

李女士为此十分苦恼，问班主任老师:“孩子怎么会任性到这种地步？我们做父母的该怎么办？”

班主任老师说，其实在学校里，孩子这样的任性表现并不明显。也许是因为在学校这个环境里，孩子意识到任性也达不到效果。其实，在孩子的潜意识里，任性是一种达到目的的手段，而这种手段对父母尤为有效。不过长此以往，在家里任性的孩子就会将任性带到其他环境中，造成更为不利的影响。

李女士觉得老师分析得很有道理，自己和丈夫确实是孩子形成任性心理的直接“帮凶”，而家庭氛围是孩子形成任性心理的最直接的土壤。

高尔基说:“爱护子女，这是母鸡都会做的事情。然而，教育子女，这就是一件伟大的国家事业了，它需要才能和广泛的生活知识。”爱要讲科学，教育更要讲科学。如果父母对孩子的一些常见心理不了解，也不善于纠正和引导孩子，将会导致孩子的心理问题加重，妨碍孩子的健康发展。

一般情况下，每个人都有可能在某个时期出现一些暂时性的消极心态，比如有些孩子因受家庭的影响表现出任性、自私等消极心理。如果这些消极心理不断积累，就会产生严重的消极影响。这时的消极心态就不再是短暂的心理反应，而是属于一种异常心理。孩子出现消极心理，父母和家庭是主要原因。

消极心理是失败、疾病与痛苦的源头，心理消极的人，也肯定会遭遇失败。对于父母来说，一定不能对孩子表现出的消极心理掉以轻心。要知道，这些消极心理会侵蚀孩子的一生。孩子常见的消极心理有:叛逆心理、依赖心理、自私心理、自卑心理、自负心理、嫉妒心理、疑虑心理、自闭心理和任性心理。通过了解各种消极心理的产生原因和表现，父母就能够做到有的放矢，帮助孩子纠正和克服身上存在的性格缺陷，让自己成为孩子名副其实的心理医生。

叛逆心理

德国著名的儿童心理学家夏洛特·彪勒曾把青春期称为“消极反抗期”，也有人形象地称之为“心理断乳期”。叛逆作为一种心理现象和行为特征，父母应该多角度地深入解读，切勿一刀切，想当然地给叛逆打上一个标签。可以说，孩子的叛逆是人性的本质使然。它是一个孩子从幼稚走向成熟，开始主动承担责任，逐渐建立自己的个性，成就一个完整自我的过程。这个时候的孩子更需要理解和帮助。

同时，父母也应该认识到，孩子的叛逆其实与家庭有很大的关系。家庭是孩子的第一所学校，父母是孩子的第一任老师，不同的家庭环境和教育方式，会培养出孩子不同的品质与个性。例如，简单粗暴的教育方式、命令式的说教，武断式的压制、无休止的唠叨以及家长在生活、学习等方面期望过高、要求过严等，都会给孩子造成心理压力。日积月累，孩子就会产生抵触心理，进而产生叛逆心理。

一旦发现孩子有叛逆心理，父母不要太焦急，只要采用合适的方法，就能帮助孩子顺利度过这一“消极反抗期”，让孩子的心理恢复健康。

沟通是改善亲子关系的好方法。很多时候，父母如果从第三者的角度看待孩子的叛逆，就会发现孩子之所以出现叛逆心理，和自己有很大关系。有时候，父母会把孩子对自己的不顺从当成叛逆，不正确地对待孩子的自我主见，很可能会激化孩子的叛逆心理。孩子越有叛逆心理，父母越应该保持冷静，要提醒自己控制情绪，这也是对孩子进行言传身教的机会。

一般而言，内向型的孩子更容易产生叛逆心理。对这一类型的孩子，父母应该多与他们沟通，了解他们在想什么，想要做什么，同时向其他父母取经，适当改变自己的教育方法。

依赖心理

心理学家认为，缺乏自主性的人，通常是那些在情感上、情绪上高度依赖别人的人。依赖心理就像旋涡一样，会吞噬其他积极的性格，例如勇敢、真诚等。所以，父母一旦发现孩子有了依赖心理，就必须及时地采取行动，帮助孩子克服。

孩子之所以产生依赖心理，父母是罪魁祸首。他们过度保护和宠爱孩子，才造成了孩子自主人格的缺失。父母帮助孩子做孩子力所能及的事情，事无巨细地帮孩子考虑，这些都会使孩子形成依赖心理。

父母应该关注孩子日常生活的举动。如果孩子做事拖沓，生活没有条理，老是寻求他人的帮助，很有可能就是其依赖心理在作祟。父母应该牢记一个原则:“孩子独立的过程是父母无法替代他经历的，正如母亲不能替孩子呼吸一样。”不要让孩子在温室中成长，而是要让他经历人生中必经的磨难。

对于天性胆小怯懦的孩子，随着他们年龄的增长，父母要学会放手，鼓励他们多接触外界的事物，多与其他人交往，多认识世界。孩子在探索与尝试中，自然而然会扔掉依赖心理。

自私心理

心理学家告诉我们:孩子刚出生的时候是没有自我意识的，慢慢地，他们才能把自己作为主体，同周围世界的客体区别开来。由此可见，孩子的自私心理是后天形成的。

自私心理的形成，表面上看是孩子自我意识的无限扩大，但主要原因是出在父母身上。例如一些父母不讲原则，不论孩子的需要合理不合理，一概满足。久而久之，孩子就养成了以自我为中心的习气，而自私正是“以自我为中心”的产物。

瑞士心理学家皮亚杰认为，1 岁左右的孩子就有同情行为、利他行为和分享倾向，2 岁左右的孩子就会自发馈赠礼品、玩具，懂得对同伴表示同情和安慰。父母完全可以在这些阶段培养孩子的利他行为，而不是一味顺着孩子，助长孩子的自私心理。

当然，自私是人类无法避免的顽疾。但是，自私心理严重的话，极易导致其他不良品质的生发，例如说谎、陷害他人等。父母一旦发现孩子自私自利，不为他人着想，就一定要想办法纠正。自私心理将会影响孩子的人际交往，一个自私的人是结交不到朋友的，也会被大家排斥在圈子之外。长此以往，这对孩子的成长极为不利。

自卑心理

自卑心理的产生，源于自尊。当一个人的自尊得不到应有的满足，就很容易产生自卑心理。自卑心理可以追溯到孩提时期，这个时期的心理阴影，往往会成为自卑的诱因。在儿童时期，人的主体人格还没有确立，往往得不到外界的重视，孩子的自尊特别容易遭到父母的忽略和打击，因而使孩子落下自卑的祸根。自卑是一种性格缺陷，一旦形成，可能一辈子都要置身于其阴影之下，自卑的人对自己的能力产生严重的怀疑，不能正常地展示和发挥自己的能力，甚至怯于与人交往而孤独地自我封闭。心理学家形象地将自卑心理比作横亘在个体与成功之间的一块巨大的挡路石。

因此，父母应特别关注自己的孩子有没有自卑心理，一旦发现，须尽早帮助其克服和纠正，以免形成自卑性格。

对于父母来说，首先应该注意自己的孩子在言谈举止中有无自卑的端倪。一般来说，心理自卑的孩子有一些显而易见的特征，例如服饰保守、说话闪烁、走路畏缩、不能敞开自己、不够自信等。心理学家告诉我们，父母对有自卑心理的孩子，应特别注意改变他们的外在形象。

另外，作为父母，千万不能用自己孩子的短处去和其他孩子的长处相比，否则就是天才也会丧失信心，也会自暴自弃。同时，想要消除孩子的自卑心理，父母要善于发现他们的长处和优势，并为他们提供发挥长处的机会和条件。当孩子尝试到了成功，他们就会反复被成功所激励，变得自信起来。

自负心理

孩子之所以会产生自负心理，虽然原因不一而足，但总体来说是由于其对自我的认识产生了偏差，过高地估计了自己的能力。

他人的评价犹如一面镜子，个体借以认清自我。对于孩子来说，通过他人的评价来认识自己，是主要的途径。如果孩子听到的都是父母不顾事实的夸奖与表扬，孩子就会想当然地认为自己没有缺点，是一个完美之人，就很容易产生自负心理。

自负的孩子对自己认识不足，只看重自己所具有的优点与长处，忽视自己的不足与短处，同时夸大自己的能力。他们给人的感觉往往是眼高手低。自负的孩子有时候还会拿己之长与人之短相比较，以显示自己比别人优秀，陶醉在一种虚假的满足里不能自拔。其实这是缺乏自我认识、没有自知之明的表现，久而久之，他们便成了井底之蛙。

有些孩子自尊心比较强，怕自己比不上别人，更担心别人会因此看不起自己。如果自尊心过度敏感，也会激发自负的心理，心理学家称之为“虚设保障”，其实一戳即破。

对于有自负心理、骄傲自满的孩子，父母应该对症下药，在适当的时候“冷”孩子一把，别让他在洋洋自得里对自己失去准确的判断。例如尽量少在人前表扬孩子，以免激发孩子的虚荣心和自负心理。尽量减少他在人前表现自己的机会，让孩子远离自我炫耀。尽量交给孩子有一定难度的事情，一方面增强他的耐挫力，另一方面让他感到自己能力的不足。

自负心理虽然不像自卑心理那样会影响孩子的一生，但会限制孩子日后取得更好的成就;同时，自负心理势必会伤害到其他人，对孩子的人际交往不利。这些都是父母应该认识到的。

嫉妒心理

许多孩子都具有很强的好胜心，而很多父母也会觉得好强是优点，并不加以限制。然而父母没有意识到，如果好胜心过强，就会发展成嫉妒心理。莎士比亚说，人生最大的毒药就是嫉妒，它会毁了一个人。嫉妒对孩子的成长极为不利，它带来的后果往往是攻击和对立，对孩子的人际交往具有很坏的影响。当发现孩子表现出嫉妒心理时，父母应及时采取措施熄灭它。

孩子产生嫉妒心理，主要有三个原因。首先，是家庭环境的影响。父母的嫉妒心理会在无形中影响孩子的心理。其次，不适当的教育方式也会助长孩子嫉妒心理的蔓延。此外，有的孩子能力较强，经常受到表扬，但在某些方面不如别的孩子，也容易产生嫉妒心理。

帮助孩子克服嫉妒心理，父母最重要的是要做好榜样，为孩子营造一个互相尊重、谦逊礼让的家庭环境，这是预防和纠正孩子嫉妒心理的重要基础。

父母要正确评价自己的孩子，适当地指出孩子的长处和短处，帮助孩子正确评价自己。有嫉妒心理的孩子一般都有争强好胜的性格。父母要及早引导和教育孩子树立良性竞争的观念，帮助孩子摆脱可怕的嫉妒魔咒。

疑虑心理

很多孩子在日常生活和学习中，只要遇到一点困难和挫折，就会退缩，甚至放弃，究其原因，是疑虑心理在作怪。很多父母对孩子的疑虑心理非常头疼，他们觉得理所当然的一些要求，却被孩子拒绝，而孩子的行为和心态，他们同样不能理解，甚至因此“恨铁不成钢”，这些都严重影响了亲子关系。

疑虑心理主要和自尊心有关，一些自尊心、虚荣心强的孩子，往往会因生活、学习中的某些挫折而产生疑虑心理。随着孩子自我意识中成人感的产生，他们的自尊心、自信心和成功欲望也迅速增强，同时又十分敏感:他们渴望得到他人的赞许，害怕听到对自己的批评。对于那些不够公正的、不符合实际情况的批评，他们往往表现出强烈的不满，做出不够理智的判断。像杯弓蛇影这类戏剧性的事件，在疑虑心理的催生下，却很容易被孩子接受。孩子长期抱持“疑神疑鬼”的心理，会情绪不稳，严重影响他们的人际交往。

父母一旦发现孩子产生了疑虑心理，就要鼓励孩子把内心的猜疑释放出来，再针对具体情况化解孩子的疑虑和不安;同时，要让孩子养成宽容的习惯。

自闭心理

自闭心理就是自我封闭，自我限制。最新的心理学研究发现，全球患有轻度自闭心理的孩子比例约为20%，可见自闭心理已经非常普遍。

自闭心理的产生，既有主观原因又有客观原因。其主观原因主要是孩子自身的性格弱点，例如腼腆、内向、害羞、不善言谈、不喜欢与人交往，或有严重的社交恐惧症;客观原因包括父母的忽视、家庭氛围的冷漠、亲友不多等。孩子长期得不到正常的社会交往，也会形成自闭心理。

具有自闭心理的孩子，在与人交往中往往会感到紧张，甚至恐惧，通常伴有心慌、不安、脸红、手足无措、出汗、语无伦次等症状。由于他们不能与人自然地交流、沟通，不能被人理解，所以倾向于独处，这样更强化了他们的孤独感和自闭心理。

对于这样高发生率的不健康心理，父母应该正确地对待它：一方面要高度重视它的危害性，尽力找到解决问题的办法；另一方面不要过于夸大它的负面影响，防止给孩子心理带来更大的阴影和创伤。

任性心理

孩子为什么会任性？心理学家认为，个性偏执、意志薄弱和缺乏自我约束能力，通常会激发任性心理。具有任性心理的人通常不顾客观环境和外界条件是否允许，不顾后果的好坏，不管他人的意愿和利益，自己想说什么就说什么，想做什么就做什么，放任自己的想法和欲望而丝毫不加以约束，他人的劝阻和批评对他们都难以奏效。

的确，孩子由于心理发展还不成熟，对许多事情缺乏正确的认识和判断能力，多少都会显得任性，比如大哭大闹等，这些都是正常的。美国儿童心理学家威廉·科克发现，任性对孩子来说也是一种正常的心理需求。幼儿随着心理发育，逐渐开始接触更多的事物，但是他们对于事物的参与仅凭自己的情绪与兴趣，而不管这些事物是否对自己适宜、有利。当然，当孩子的任性发展到一定程度时，父母就有必要从心理上加以纠正，以免影响孩子的心理健康和心理的正常发展。

孩子在正常发育的情况下，两三岁就会开始出现心理反抗现象，出现强烈的独立需求意识，如刻意要自己吃饭、自己穿衣服，上下楼梯不愿别人牵领，自己的玩具不让别人动，遇到不满意、不顺心的事情大哭大闹，处处以自我为中心，劝阻和强制都不起作用，这些都是任性的表现。任性的个性一旦形成，很难从根本上彻底改变，对孩子以后的生活、学习和工作也会产生不利的影响。

任性性格形成的最主要原因，是父母的溺爱。父母的一味迁就助长了孩子的偏激与任性，并最终造成了孩子性格的缺陷。所以父母要经常注意孩子的表现，当孩子已有任性行为时，父母应该认真分析原因，根据孩子的个性特点进行教育，绝不可照搬教条、千篇一律地采取措施，以免适得其反。

专家支招

父母大可不必谈孩子的消极心理就色变。消极心理虽然会对孩子的性格和成长产生不利影响，但这也是孩子成长历程中必然要经历的，只需以平常心待之。比如说叛逆心理，几乎所有人都在青春期有过叛逆心理。所以当孩子有了叛逆心理，父母不必惊慌着急，而要合理地对待和疏导孩子的叛逆行为。

其他几种消极心理，也要遵循这样的方法应对，父母应该有这样的心理准备。消极心理的出现从另一方面看也是好事，因为每一种消极心理都对应着一种积极心理，例如自私心理对应着大方心理，嫉妒心理对应着分享心理，等等。孩子性格的确立是一个复杂而漫长的过程。孩子暂时出现的消极心理，只要父母教育方法得当，让孩子转向对应的积极心理，要比让孩子直接形成该种积极心理更为简单。

尊重孩子的安全边际：平等原则

美国的孩子一般都很早熟，这和他们的家庭教育有关。劳伦斯夫妇有3个孩子，在孩子很小的时候，劳伦斯夫妇就给予了他们很大的自主权。他们出去游戏时，劳伦斯夫妇一般只会要求他们在什么时间回来，至于去哪里、跟谁在一起，并不过问。孩子也会有选择地跟父母汇报自己的行为。如果只是在小区和同伴玩一会儿，他们都不会告诉劳伦斯夫妇；如果是参加幼儿园老师组织的夏令营或者旅游，他们才会征求劳伦斯夫妇的同意。

劳伦斯夫妇和大多数美国父母一样，和孩子之间是朋友关系，有什么事都摆在桌面上，开诚布公地谈。不仅是劳伦斯夫妇会对孩子提出看法，孩子同样也会对父母提出他们的看法。有一次6岁的小女儿对劳伦斯说，她今天认识了一个小男孩，她想她应该争取成为他的好朋友。劳伦斯说："这可是个好消息，你是不是准备带他回来？周末我们为此开一个Party怎么样？"劳伦斯根本不担心事情会搞砸，或是担心其他诸如孩子早熟的问题。他们之间除了是父母和孩子的关系之外，还是平等的朋友关系。

在美剧和好莱坞电影中，美国家庭成员是很平等的，家庭关系也挺和睦，人与人之间挺亲切，父母对孩子就像对朋友一样，这特别让人羡慕。当中国的父母为孩子的心理健康问题大伤脑筋的时候，美国的父母正在分享孩子的所有经历。

这并不奇怪。当沟通顺畅的时候，发生心理问题的几率就会减至最低，因为良好的沟通是治疗心理疾病的最好药物，就好像被心理诊所奉为至宝的原则——让顾客倾诉胜过为他开药。心理医生什么也不用做，只需要认真地倾听顾客的倾诉，就是这样简单，治疗却收到了满意的效果。

在亲子关系中，沟通也是最重要的。而沟通的前提是平等。这种平等的亲子关系说起来容易，做起来难，尤其对长期受传统教育影响的中国父母而言，难度更大。绝大多数父母是愿意与孩子沟通的，绝大多数孩子也愿意与父母交流。但是由于父母与孩子所处的地位不同、所关心的内容不同，以及父母与孩子谈话的方式使孩子难以接受等，形成了父母与孩子沟通的诸多障碍。大多数父母与孩子沟通的时候，是站在自己的立场上，以教训孩子的姿态出现，这让孩子很难产生愉快的感受，沟通的结果也就可想而知了。

每一个个体生命，都有自己的安全边际。就像动物王国里存在势力范围一样，人类也有自己的势力范围，只是更多地体现在意识形态层面，例如每个人的住所不容他人侵犯、每个人的隐私不容侵犯等。这种安全边际，人们在成人世界里是遵循的。例如，对自己的亲朋好友，我们都在相处中谨守原则，并不会逾越。但在亲子关系中，父母往往对孩子的安全边际视而不见。父母不知道，一旦过界，孩子也会觉得受到侵犯和伤害，并会做出反击。

一项研究数据表明，中国的孩子对父母的满意程度普遍偏低。这和父母的行为有关。在父母眼里，孩子是没有秘密的，不仅因为血缘关系，还因为他年幼不懂事等。所以，在父母眼里，孩子要求的“自由”“权利”等都是可笑的。

然而随着孩子逐渐长大，孩子的主体人格和自我意识逐渐确立，父母在孩子那里遭遇了“滑铁卢”。父母突然发现，孩子不听话了，孩子有秘密了，孩子达不到自己的期望，甚至对自己的爱和关心也有所抵触了。

这让父母大为不解：孩子为什么越大越不听话，甚至有了叛逆心理？父母之所以遇到这样的窘境，是因为他们犯了心理学的大忌，他们违背了个体之间应遵循的最原始、最重要的原则——平等。只有建立在平等基础上的爱才是对方乐意接受的，如果没有了平等，爱就变成了一种强求、一种强权。所以在亲子关系中，父母也要遵循这样的原则，不能以爱的名义，让孩子无条件地遵循自己所决定的一切。换句话说，父母不能以爱的名义，忽略孩子的安全边际。父母应该平等地对待孩子，通过更为融洽的沟通，了解孩子的真实想法，在向孩子传达爱的同时，给予孩子正确的引导和帮助。

本着平等的原则，尊重孩子的安全边际，才能深入孩子的世界，掌握孩子的心理，也只有这样，孩子才会接受父母给出的合理建议。平等意味着父母既不能处处顺从孩子的意愿，让他成为高高在上的“小皇帝”“小公主”，从而形成任性的心理；也不能强行限制和管教，把孩子当作自己的试验品和玩具，完全将其置于自己控制之下，这样会让孩子产生严重的自卑心理。

在不平等的亲子关系中，孩子常常有心理障碍，这不利于孩子的成长。最常见的例子是，很多孩子在跟父母玩游戏时非常拘谨，而在与小伙伴玩游戏时却很放得开。这两种截然不同的表现，强调的恰恰是平等的力量，只有平等才能让孩子全心投入、健康成长。

专家支招

在孩子的成长过程中，平等对待是父母的第一要务，甚至远远超过性格的形成和技能的培训。想要和孩子平等相处，让孩子获得成长所需的安全感，父母就一定要放下家长的身段，在家庭中营造一种民主的氛围，让孩子拥有一定的“话语权”。

给孩子更好的成长空间：适度关注

吴女士有一个6岁的女儿，家里人宠爱得不得了。不过吴女士也有一个很大的苦恼，女儿似乎很霸道，在家里和幼儿园里都很任性。最让吴女士不堪的是，不管在什么场合，女儿一不高兴了就会打她，有的时候揪耳朵，有的时候扯头发。在乘坐地铁的时候，吴女士把女儿抱在怀里，女儿就把妈妈的脸当玩具，这让吴女士很尴尬。吴女士没有意识到这些都是自己造成的。她和家里其他成员太宠爱孩子了，造成了孩子一切以自我为中心，根本不会顾及妈妈的感受。吴女士以为爱就是孩子成长所需的唯一营养，却不知道太多的爱可能让孩子生活在一个更加封闭的空间里，对培养孩子和他人的互动关系非常不利。

心理学家告诉我们，父母对孩子的关注适度就好，过度关注孩子，比如过度宠溺孩子、过于担心孩子等，反而容易给孩子带来压力，造成孩子的心理变异。父母应该把心放宽松些，开阔视野，给孩子一个更好的成长空间。

父母关注孩子，在父母看来这是无私的奉献，在孩子看来却是无形的压力。有时候父母说孩子自私，不理解他们，其实父母也是自私的，也不理解孩子。父母不知道，过高的压力只会让孩子产生疑虑心理和依赖心理，对孩子的成长不利。

蒙台梭利博士把孩子的心灵比喻为心灵胚胎，她说:“人们面临的最大问题之一，就是他们没有认识到，儿童拥有一种积极的精神生活，尽管儿童当时并没有表现出来，而且他也必须经过相当长的一段时间秘密地去完善这种精神生活。既然儿童是个谜，需要时间秘密地去完善他们自己，空间对他们来说就是必不可少的。”这里，蒙台梭利博士谈的是有关成长空间的问题。

中国的父母对成长空间的理解过于狭窄，他们将之机械地理解为生活的空间，是衣食住行和学习的处所。而且，中国的父母认为这个空间既然是他们为孩子提供的，他们就是主人，可以理所当然地行使完全的权利。

因此，他们在这个空间里尽可能地干涉孩子的一切。现在的孩子一般比较早熟，七八岁的孩子就会用妈妈的QQ跟妈妈的朋友视频聊天，还经常说出一些“大人话”。孩子过于早熟的心理，让父母变得神经兮兮的。当孩子年龄再大一些，父母就会表现出让孩子不能忍受的行为，例如孩子记日记，他们无视隐私想方设法要偷看;孩子接电话，他们也偷听;孩子上QQ，他们冒充陌生人加孩子为好友。名义上是对孩子的关心和爱护，实质上这种关注已经变质，带有克格勃密探的性质。

在这种前提下，父母的一切示爱行为在孩子眼里都带有可疑的动机，这使得亲子每次沟通都障碍重重，达不到沟通效果。

过度的干涉压缩了孩子的成长空间。很多心理学家已经对现存的家庭教育提出了质疑。他们反思父母和家庭环境在孩子心理发育中所起到的作用，发现父母扮演的并不是成功的心理医生，家庭也不复是孩子感到最安全的地方。这些都是由父母的过度关注造成的。当孩子迫不得已另铸空间的时候，他的心理可能已经发生了微妙的变化。

父母应该控制自己对孩子的关注程度，过度关注本身就是一种不健康的心理。作为父母而言，需要好好反思一下并深刻地认识到：给孩子更好的爱，而不是全部的爱。

专家支招

父母对孩子的爱很容易泛滥。心理学家指出，孩子身上之所以出现诸多性格缺陷和心理疾病，父母不适度的爱是最大的诱因。溺爱或者宠爱过度，在很大程度上起着催化剂的作用，加快了孩子性格缺陷或心理不健全的形成速度。所以，父母一定要遵循适度原则，明白过犹不及的道理。倾注了满心的爱收获的反而是苦果，这恐怕是为人父母者最大的不幸了。

爱孩子，更要会爱孩子：细心原则

幼儿园里孩子们在夸耀谁的妈妈最疼爱自己。他们纷纷举例："我的妈妈给我买好吃的""我的妈妈给我买好玩的""我的妈妈带我去迪士尼乐园玩""我的妈妈给我读《白雪公主和七个小矮人》""我的妈妈每天都来接我""我生病了，妈妈一晚上都在医院里陪我"。

心理学博士江雪梅分析，孩子们对父母是怎么样爱自己的，内心都记得很清楚。可是孩子们表述出来的只是父母之爱的冰山一角。在生活中，父母当然是事无巨细地疼爱孩子。不过这不代表父母的爱就没有瑕疵。爱分物质和精神两种，精神层面的爱往往不如物质层面的爱受到父母的重视。精神层面的爱，涉及情绪和心理，父母往往会忽视。然而，很多时候影响亲子关系的恰恰是这些，孩子觉得父母不能理解自己，不关心自己的情绪。

家教无小事，孩子的言行举止透露出孩子的身体状况和心理状况，父母应该随时随地通过这些细小的方面了解孩子的情况，不能想当然地从自身的感觉出发去理解，这就对父母提出了更高的要求。成功的父母，是孩子最有经验的内外科医生，也是孩子最好的心理医生。例如，他们可以通过孩子的睡眠状况了解孩子的身体情况，未病先防，患病时也能给予及时的治疗。当孩子患病时，入睡后就可能会出现全身干涩、面红、夜惊等症状。如果孩子时常出现烦躁、闷闷不乐的情绪，可能是身体状况出了问题，还有可能是孩子的心理出现了某种不适，此时父母应该及时加以疏导，保护孩子的心理健康。

当孩子哭泣的时候，父母会心烦意乱。不过细心的父母知道，孩子的哭泣是一种诉求，也许是饿了，也许是某种情绪在起作用，并不完全是任性、无理取闹。孩子哭泣，父母要给予安慰，最错误的做法就是，当孩子哭泣的时候，父母以让孩子不哭为唯一目的，这简直大错特错。细心的父母会发现，有时候哭泣是孩子舒缓情绪的通道，孩子的烦恼会随着哭泣逐渐消散。是的，哭泣是愈合心理创伤的方法之一。父母应该给孩子一个机会，让他自己排遣受到的伤害，之后孩子会变得更坚强和自信。

近年来，一些专家和心理医生都发现，越来越多的孩子经常出现头疼、失眠、记忆力减退等神经衰弱的情况。通常，神经官能症只出现在青春期或中青年人群中，但现在在少年儿童中也能经常见到。最新统计数据显示，除了儿童孤独症、儿童多动综合征以外，患有夜惊症、强迫症、恐惧症等心理疾病的儿童已达到病人总数的 10% 左右。心理疾病低龄化的趋势，应该引起父母的注意。

孩子在生活中的许多小毛病，都可能会导致心理上出现重大问题。专家建议父母在照顾孩子的日常生活起居时要细心，只要父母细心，这些心理疾病就很容易露出马脚。父母越细心，越容易及早发现孩子的心理疾病。例如，“你老是说她比我好，就让她当你的孩子好了，干吗老拿我和她比呢”“妈妈，别的同学都没有家长接送，以后你能不能别再接送我了？好像我还没长大一样”“爸爸经常说我胖，说我是小猪，本来我心情很好，被他一说就变得糟糕了”，这些都是表露孩子真实心里想法的话，细心的父母就会明察秋毫并举一反三，在孩子言行的细枝末节中洞察孩子的隐秘心理，从而找到问题真正所在，及时做出调整。

专家支招

在生活中父母要细心地留意孩子的行为变化，多和孩子沟通，防患于未然。如果孩子有了心理障碍，做父母的应该在第一时间发现，并查找原因，及时调整自己的教育方式，并对孩子进行心理疏导，以免给孩子的一生留下坏的影响。

第二章 从哀叹为什么到知道怎么办——父母的苦恼一扫光

在日常生活中，孩子会有各种让父母大惑不解的言行。其实这些外在的言行，都折射出了孩子隐秘的内在心理。好在心理学家已经总结出了一套通俗易懂的法则，供父母们去对号入座。有了这些法则，父母们的烦恼就烟消云散了。他们甚至会发现：很多时候他们都是自寻烦恼，孩子的一些表现并不是自己所认为的“出了问题”，而是另外一回事；自己之所以大惊小怪、手足无措，完全是由于自己对儿童心理学的无知。看来，想要亲子教育事半功倍，想要做好孩子的心理医生，父母真应该通晓一点儿童心理学知识。

孩子为什么不听话：禁果效应

因为施工，小区广场旁遗留下一处沙堆。遛狗的人总爱去那边，狗在沙堆里大小便，弄得很不干净。小区里的妈妈们都会告诫自己的孩子，“别去那边玩，脏死了”。孩子和同伴出去玩球、骑车什么的，妈妈们也会特意叮嘱，“别去沙堆那边玩，那边不卫生”。

可是让妈妈们惊讶的是，不管她们怎么强调，也不管沙堆是多么的脏、乱、差，孩子们还是一有机会就去沙堆那边玩。尽管沙堆那边也没什么好玩的，但孩子们就是对沙堆念念不忘。似乎妈妈们越禁止，沙堆的魔力就越大，这是怎么回事呢？

这是一种禁果效应心理。禁果效应是一种逆反心理现象，用通俗的话说就是，越不被允许，就越是想要尝试。在古希腊神话故事中，夏娃和潘多拉都因为禁令被激发了更强的好奇心，最终夏娃偷尝了禁果，潘多拉打开了盒子，她们的行为正是禁果效应心理的表现，也就是所谓的“禁果格外甜”。由此可知，禁果效应就是指因被禁而更想得到某样东西的心理。生活中常见的禁果效应是指，当外界压力迫使人们不去进行某种尝试时，人们往往会因此产生更强的了解欲望，结果反而会反其道而行之。

在心理学中，禁果效应存在的心理学依据是，被禁止的事物，对人们具有更大的诱惑力，也更能促进和强化人们渴望接近和了解的欲望。生活中常说的“吊胃口”“卖关子”“设悬念”，就是利用了对方的期待心理，增强了召唤感。这种“期待—召唤”结构就是禁果效应存在的心理基础。

孩子天生就具有强烈的好奇心，禁果效应在孩子身上表现得尤其明显。对于孩子来说越是被禁止的东西，他们想要尝试的欲望越强。这时，对于父母来说，合理的疏导加上正确的引导，就显得尤其重要，“抽刀断水水更流”，强行禁止不如因势利导，后者能够达到更好的教育目的。

很多时候，父母出于对孩子的关心和爱护，会对孩子提出一些具体的要求，例如不能说脏话、不能撒谎、不能冒险、不能做禁忌的事情。但父母越是这样说，孩子越是好奇，他们很想尝试一下不听父母的话会是什么结果。这种因好奇而产生的探索欲望，其实对孩子的成长非常有利。但是对父母而言，出于各种考虑，是不愿意甚至难以接受孩子这么做的。所以，我们常会听到父母抱怨:“我的孩子怎么就那么不听话呢？”

很显然，这里的“不听话”，是父母出于自身的考虑得到的结论，是因为孩子没有顺从自己的意愿得出的结论。很难想象，如果孩子对父母言听计从，那会是怎样的场景。孩子可能会成为父母的复制品，他们的生命体验几乎会被全部抹杀。父母告诉他们不能吃糖他们就不吃糖，告诉他们不能玩手机他们就不玩手机，这样的孩子长大后就会丧失独立能力。想想看，小时不听话，不过是给父母增加点麻烦，况且这不听话的本身还有待商榷。可是如果父母为了省心，非得让孩子一味顺从、听话，那么孩子长大后还会时时处处依赖父母，父母就有操不完的心了，这结果恐怕是父母最不愿意看到的了。

当孩子表现得不那么听话时，很有可能是他的自我人格和独立意识在起作用。父母如果不加了解，强行遏止，孩子在探索外界和内在世界时可能就会变得消极;但如果父母懂得因势利导，就会大大有助于孩子强化自己的典型人格，使他们能够更融洽地与外界沟通。

禁果效应指向的就是孩子的好奇心。好奇心无所谓好坏，用在好的方面它就能起到积极的作用，用在不好的方面，它也会推波助澜。禁果效应是一把双刃剑，既有积极的作用，也有消极的作用。只要能巧妙、恰当地利用禁果效应，那么父母在处理某些事情时就会达到意想不到的良好效果。

心理学家作过这样一个实验:把茶杯倒扣在茶盘里，孩子对它们毫无兴趣。但是如果在倒扣茶杯的过程中对孩子说“不要乱动杯子”，孩子的好奇心就会被激发，忍不住要打开杯子看一看。如果杯子下面竟然放有水果或者糖块，那么孩子的兴趣更会大增，会把每个杯子都翻开仔细查看一番。这个实验启示父母，巧妙利用禁果效应，就可以充分调动孩子正面的积极性。

有个孩子学习小提琴一年，遇到了瓶颈，对弹琴充满了排斥，甚至想要放弃。碰到这样的情况，很多父母可能会责怪孩子不懂事，甚至强制孩子继续学下去。牛不喝水强按头，这种做法的结果是，要么孩子虚与委蛇，应付了事，弹琴的技艺不会有一丁点儿进步;要么孩子就会产生逆反心理，放弃学琴，跟父母对着干。无论哪一种结果，最终都会严重影响亲子关系。

这个孩子的聪明的妈妈没有采取措施，只是说，你要是这么厌倦，这两天就先别练琴了，这让孩子觉得很奇怪。接下来妈妈的行为就更奇怪了，她买回一把昂贵的小提琴，是欧洲著名小提琴制造大师的作品，上面有大师的签名。妈妈把小提琴藏在自己的卧室里，还特别交代说，你既然不想学琴了，这把琴你估计也不想碰了。打这以后，每当父母不在家时，孩子就悄悄地拿出这把小提琴，偷偷地练习。结果孩子的琴技大大提升，甚至在后来的一次小提琴比赛中还夺得了冠军。

所以，在培养孩子的时候，父母懂得如何正确、有效地利用孩子的好奇心理，就能达到很好的教育效果，孩子也能按照父母的期望去学习。事实上，在孩子的生活和学习中，很多地方都能用到禁果效应。

专家支招

父母要纠正自己的偏见，其实孩子不听话未必全是坏事儿。碰到孩子不听话，父母就着急上火，把事情扩大化，这本身就是一个错误的反应。心理学有这样的说法，叫“过激反应”。过激反应会让父母不能设身处地从孩子的立场出发思考问题。举个简单的例子，就能证明自己有没有过激反应。就说禁果效应吧，其实它描述的是好奇心理激发的行为渴望。但是很多父母会想当然地将这一心理机制落实到“禁果”上，这是不对的。这种反应就是一种过激反应，会犯先入为主和以偏概全的错误。父母应该尽量避免犯这种错误，要心平气和地对待孩子稀奇古怪的问题和不听话的行为，熟练掌握并运用禁果效应。

孩子为什么撒娇：安全效应

一位母亲的育儿心得：因为在城市生活压力大，生了孩子之后压力更大，孩子断乳之后就不得已上班了。孩子让两家的老人轮流带，只有周末我才有和孩子充分相处的时间。平时，孩子也不黏我，我上班挺累的，孩子不黏我我也乐得清闲。

后来我就受不了了，很失落，对孩子的奶奶和外婆都有些妒忌，我觉得孩子亲她们，不亲我。有两次我还跟丈夫哭鼻子。丈夫说，既然这样，那就多跟孩子在一起。小家伙慢慢有些黏我了，特别是我出差回来后，几天不见，小家伙那种亲昵劲，让我心花怒放。

但是，烦恼依旧存在。也许是见我比老人更愿意满足他的要求，他竟然越来越会撒娇了。有时候忙，他偏不让我静下来做事；有时候周末有事把他送到老人那里，他就大哭大闹，泪眼婆娑地不想跟我分开。

丈夫给我敲警钟，说我对孩子的迁就有点过了。我也看出来，孩子对我撒娇有些“阴谋诡计”的味道，但我就是吃这套。孩子一撒娇，我什么立场也没有了，什么事都依着他。我也担心，这样下去，会不会对他的成长不利？

很多父母也许都有上述例子中的困惑：孩子不亲近自己觉得受不了，孩子总是跟自己撒娇，又会觉得孩子太腻人。孩子不亲近自己，很多父母都知道原因，无外乎自己跟孩子接触少了，相处的时间不够，给孩子的爱不够，孩子和自己生疏了。可是孩子跟自己撒娇，其背后的心理动机很多父母却不甚了解。撒娇难道一定是孩子对爱的乞求手段吗？

心理学家根据对200个家庭的跟踪调查发现，孩子撒娇，其最大的心理动机是缺乏安全感。换句话说，孩子撒娇不是因为父母对他的爱，而是父母对他的爱不够。这话听起来有点矛盾，但如果父母能够明白“给孩子的爱”和“孩子需要的爱”是两个概念，就容易理解了。生活中往往出现这样的状况，父母给予孩子的爱泛滥，而孩子需要的爱却一直匮乏。

孩子撒娇是渴求爱，是缺乏安全感。殊为可惜的是，很多父母并不理解，以为孩子撒娇另有目的。为什么撒娇的孩子总是和溺爱的父母形影不离？为什么这种溺爱不仅助长了孩子的撒娇，并且激发了孩子其他的消极心理？就是因为父母给予的爱不能给孩子带来安全感。孩子生活在不安中，除了向父母求助，没有别的途径。所以孩子只能通过撒娇来获得他们想要的安全感，然而父母却理解错了孩子撒娇的含义。

所以，如果孩子爱撒娇，父母应该从自身找原因，要问一问自己：给孩子的爱是不是有偏差？是不是没有让孩子建立起安全感？孩子通过撒娇传达的不安全感，自己有没有正确解读？要知道，如果孩子传达的信号不能被父母正确接收，孩子就会被迫违反自己的生命意志，越来越需要父母给予的溺爱，这种溺爱帮助孩子建立一种虚假的安全感。这就像毒瘾一样，一旦父母不能再给予这种宠爱，孩子就会受不了，就会再度陷入毫无安全感的境地。这对孩子的影响很大，很多孩子可能都无法应对这种剧变。

安全感是最重要的生命质量指标，也是衡量一个人幸福程度的最大要素，父母、孩子莫不如此。孩子在儿童时期对安全感的感受非常重要，如果一个人在儿童时期没有获得良好的安全感，那么他有可能一辈子都摆脱不了不安全的心理阴影。心理学家指出，从生命体形成到孩子个体发育成熟，这期间最需要的是安全感。这种生命最初的安全感被称为“原始安全感”。

孩子的原始安全感是父母给予的，会影响孩子的一生。父母如果没有能力照顾自己的孩子，孩子就会缺乏安全感。很多父母觉得自己照顾孩子是有十足把握的，但是他们不知道自身的焦虑也会给孩子带来情绪障碍。

心理学研究表明，安全感对幼年时的孩子来说，是一种非常重要的心理营养。孩子喜欢对父母撒娇，只是表象，除了在向父母发出信号——“爸爸妈妈，我想亲近你们”外，潜在的、深层次的原因，就是对安全感的需求。有安全感，孩子会撒娇;安全感缺失，孩子也会撒娇。父母要认真、仔细地甄别孩子诉求的目标，区别对待，以便更好地给予孩子所需的安全感。

父母对孩子来说，可以发挥安全基地的作用。孩子在迎接陌生世界、挑战新事物时，需要相当大的勇气，如果遭遇失败或困难，安全感会让他产生继续挑战的勇气。当父母在身边时，孩子常常会愿意尝试，那是因为他知道父母随时都会来帮助他。这种情况下的撒娇，其实具有一种结盟的意义，对于孩子学习技能和探索世界是相当重要的。

孩子对父母有依恋，所以撒娇，这是一种快乐的体验，因为他体会到与人接触的幸福。以与父母接触的体验为基础，他会逐渐发展与他人的接触。所以，能充分感受到父母疼爱的孩子，会用撒娇来回报父母的爱，其日后的社交能力也会更强。

在与父母的交往体验中，孩子逐渐学会表达自己的要求，也学会回应父母的要求，这就渐渐培养出他与周围人的交往能力。撒娇是孩子表达自己情绪的一种方式，如果父母能够很好地回应，并让孩子在情绪上得到安定，则有助于亲子关系的融洽。

专家支招

很多孩子会有自己特别喜爱的玩具娃娃或毛绒玩具，必须抱着它才能入睡，即使弄脏了也不愿意放手。这种情感依赖很大部分等同于撒娇。当父母不在身边的时候，这些玩具或物品对孩子而言显得尤为重要。这往往是安全感的投射，是对父母缺席时的感情弥补。所以说，面对孩子撒娇，父母一定要意识到，有可能自己对孩子爱的方式出现了问题，需要及时调整。

孩子为什么怕黑：睡眠障碍

李佳敏在日记中写道：妈妈无微不至地关心我，让我好感动。早晨她会按时叫我起床，吃完饭后会定时捧上切好的水果，上床后她会帮我掖好被子、关上灯。我觉得没有比她更细心的妈妈了。每隔几天她就帮我测量身高、体重，让我吃鱼肝油和维生素，通过变换每天的饭菜均衡我身体所需的营养。

可是，我又觉得妈妈一点也不关心我。她不知道我怕黑。每天晚上我假装睡着了，等她关灯掩门走开之后，我又把灯打开。我没有告诉妈妈，我只有开着灯才能睡着。可我觉得妈妈也知道，因为她会再过来把灯关上，还说“这孩子，怎么老是要开着灯睡觉呢”。有时候半夜醒来，做了噩梦，置身在黑暗中，我真的很害怕。但这些我都不敢跟妈妈说。我觉得妈妈那么爱我，事无巨细都会想到我，她应该知道我怕黑才对啊。

很多中年人都受困于睡眠障碍，他们由于工作压力大、内分泌紊乱，往往要躺在床上几个小时才能入睡，或者很早就醒来，再也睡不着。其实，睡眠障碍不只是成年人的“专利”，同样也会发生在孩子身上。只不过，孩子的睡眠障碍和成年人的睡眠障碍有区别，这主要表现为睡眠不安、梦魇、夜惊、梦游等。

足够的睡眠和良好的睡眠习惯对孩子的身心健康有利。心理学家在临床中发现，很多孩子长得慢、肥胖、注意力不集中、多动、成绩差，这一系列问题都与睡眠不好有关。睡眠是人的生理需要，是机体复原、整合和巩固记忆的重要环节。一个人每天需要的睡眠时间在八小时左右，孩子的睡眠时间应该更长一些。孩子的脑细胞正处于发育成熟过程中，而孩子体格生长所必需的生长激素，只有在睡眠状态下才能被高水平分泌。此外，充足的睡眠是脑细胞能量代谢的重要保证，高质量的睡眠不但有助于孩子体格的生长，更有助于孩子的智力发育。

睡眠在孩子成长过程中是如此的重要，但是很多父母间接"扼杀"了孩子的睡眠。当孩子说怕黑，不敢一个人睡觉的时候，父母很容易这么想:这孩子胆子太小了，应该让他独自睡，以培养他独立和勇敢的精神。他们会认为，他们那样做，是在帮助孩子克服怕黑和一个人不敢睡觉的恐惧感。但父母不知道，这只是表面现象，他们没有去发掘深层次的原因。

一般来说，恐惧都有其"源代码"，比如社交恐惧源于自闭。孩子怕黑，不敢一个人睡觉，其实质是睡眠障碍。经常惊醒是孩子渴望开灯睡觉和有人陪伴睡觉的动因。设想这样的场景:孩子在深夜醒来，置身于黑暗中，这是他不熟悉的环境，他是多么的害怕，多么渴望得到父母的帮助。可是，他不敢跑到父母的房间，甚至不敢下床去开灯。处在这样的状态下，他会想，要是灯开着那该多好啊。

对于父母来说，孩子怕黑，不敢一个人睡觉的问题，其实很重要，但父母往往会用"你要勇敢"来教育孩子，这样就容易对深层次的原因视而不见，形成可怕的盲点。

另外，父母应该让孩子养成合理的作息习惯，并严格遵守这一作息时间表。一般来说，午休不宜超过45分钟，午休时间过长会影响孩子晚上的睡眠质量。当孩子晚上睡觉的时候，卧房内应保持安静和舒适，里面最好不要摆放电脑、电视及电话等，这些都会影响睡眠质量。晚上不要让孩子饮用浓茶、咖啡等兴奋性饮料。不要让孩子将床作为活动的场所，如在床上玩耍、看书等，要确保床只是睡觉的地方。

心理学家就孩子的睡眠问题，列举了常见的和睡眠障碍相关的症状，希望父母给予重视。

打呼噜。孩子打呼噜是睡眠常见症状，可能是由腺样体和扁桃体肥大、鼻炎等原因导致的。在这类病例中，最小的孩子年龄只有8个月。打呼噜导致大脑缺少充足的氧气供应，这会影响大脑的发育，继而造成孩子白天注意力不集中、情绪低落或烦躁不安等状况，最终导致其学习成绩落后、性格暴躁或抑郁等一系列问题。这时候家长可以带孩子前往医院睡眠障碍门诊，通过睡眠监测等手段来明确诊断，给予及时、适当的治疗。

尿床。很多孩子都有尿床的经历。“孩子大了就不会尿床”是错误的观点，孩子是否尿床取决于其生理发育的成熟与否。作为父母来说，要帮助孩子保守这些“小秘密”。因为对年龄大一点的孩子来说，尿床会影响其自尊的发展。随着时间的推移，孩子身体相应的神经系统成熟了，尿床就会自然消失。

梦魇。所有孩子都可能做噩梦，这个时候孩子会非常惊恐，父母应该尽快给予安慰。梦魇常常是情绪矛盾和斗争的反映。如果孩子经常出现梦魇，父母应该重视起来，及时帮助孩子解决心理问题。

夜惊。夜惊是孩子睡眠中常见的现象。加拿大睡眠学会的报告指出，夜惊高发期在4~12岁。极度疲劳和睡眠剥夺都会引起夜惊。孩子可能会突然坐起来、磨牙、睁眼，也可能尖叫、惊恐，或者围着房子转圈，或者发疯似的想冲出房间。此时，父母最好不要把他叫醒，而应当温和地把他引到床上，重新睡下。这种情况下，尽快入睡是最好的解决方法。

梦游。现在科学界对梦游还没有做出合理的解释。唯一让父母可以宽慰的是，梦游的孩子一般没有情绪和心理问题。对于梦游的孩子，父母要做的最重要的事情是防止孩子在梦游的时候受伤。

专家支招

很多父母都有这样的经验，孩子会闹觉。这种现象在心理学上被称为“睡眠启动依赖”。对于父母而言，培养孩子自我入睡的能力非常重要，不能一闹就抱。父母可以尝试采取“消极应对法”，让孩子自己闹一会儿，孩子见父母不管理自己，自然就会安静下来。这有助于孩子养成独立入睡的习惯。孩子半夜醒来，父母不必过分紧张，如果孩子一哭就抱起来哄，这样也会让孩子产生越来越重的依赖性。此外，父母可以通过对睡眠环境的设置，来提高孩子的睡眠质量。

孩子为什么不耐烦:超限效应

两位母亲在一个聚会上，互相谈起了自己的孩子。其中一位母亲说，大家都说她的孩子很聪明，她也希望孩子能够出类拔萃，所以每每按照自己的期望来要求孩子。开始的时候孩子还很配合，效果也很明显。可是后来，孩子就不耐烦了，似乎对很多目标都丧失了兴趣，情绪也一落千丈。她感到很困惑，不知道该怎么办。

另外一位母亲的孩子大一些，已经上幼儿园了。孩子放学后经常跟一群小朋友在小区广场上玩，过了吃饭的时间都不回家。开始的时候她很不高兴，往往去揪孩子回来。孩子很不耐烦，因为这样一来，那些孩子就不跟他玩了。后来她再去找孩子，他就偷偷躲起来，还让小伙伴骗她说他已经回去了。等她走后，他才出来继续和伙伴一起玩。

对于孩子的这些表现，她意识到是自己的教育方法出了问题，她没有再强求孩子怎么做，而是通过幼儿园的老师，召集这些小伙伴的家长。这些家长对孩子贪玩也很头疼，也遇到过孩子的软抵抗。现在他们一致行动起来，让孩子在饭前可以痛快地游戏，但要求孩子必须在规定时间前回家吃饭。当然这个规定时间是统一的，孩子们看到大家都要在同一时间回去，再也没有人贪玩，忘了回家吃饭了。

两个母亲在亲子关系上遇到的麻烦，根本原因是栽在了超限效应上。当人体受到过多的刺激，这种刺激强度很大，持续时间又很长的话，就会引发不耐烦或逆反心理，心理学上把这种现象称为“超限效应”。超限效应是一种纯粹的心理反应，只要触及了超限点，就会引发超限反应，轻则表现出不耐烦，重则产生逆反心理。儿童由于身体机能不成熟，更容易产生这种反应，在父母看来就是孩子怎么老不耐烦、老不听话啊。其实父母不知道，当孩子不耐烦的时候，即使父母出发点再好，孩子也不会买账。

生活中经常发生这样的现象:母亲反复告诫孩子要收拾好自己的玩具，孩子却依旧我行我素;父亲要求孩子能像个男子汉那样准时起床，和自己一起参加晨练，可是孩子却总是睡懒觉。父母没完没了地要求这要求那，往往让孩子产生听觉疲劳，把父母的话当成耳旁风就是很自然的事了，时间久了甚至会让孩子极度反感，效果适得其反。

另外，父母在批评孩子时需要把握一个度，在表扬孩子时也要掌握一个度，并不是多多益善。批评多了就会很不耐烦，不易引起警诫和重视;表扬多了就会索然无味，更不用说发挥激励作用了。俄国作家克雷洛夫讲了这样一个故事:一天，热情好客的杰米扬精心熬制了一锅鱼汤，请好朋友福卡前来品尝。鱼汤确实很鲜美，福卡也吃得很饱了，可是杰米扬依然一个劲地劝福卡继续吃。可怜的福卡虽然喜欢喝汤，但这样不停地喝汤，却跟受罪一样。这次喝鱼汤事件以后，他再也不去杰米扬家了。

当父母听到孩子说“行啦，你已经说了100遍了，我的耳朵都起茧子了”，千万不要以为“孩子太不懂事”，其实是父母太不懂孩子的心理了。等到孩子说“老是这样说，你们烦不烦啊”，千万别以为孩子是在使孩子气，他们的言下之意是，他已经很烦了。父母如果解读不了这样的信号，只会在错误和失败的路上越走越远。

所以，父母对孩子的要求、批评和表扬，都不能超过限度。如果重复要求、批评和表扬，孩子的心理就会发生变化，会对父母的言行感到不耐烦、反感和厌恶，甚至会产生“我偏要这样”的逆反心理，做出与父母期望相反的逆反行为。很多父母在这个时候没有意识到自己的错误，反而一错再错，认为孩子“太不像话”“无可救药”，觉得失望乃至绝望，这样只会让陷入低谷的亲子关系雪上加霜。

正因为此，在亲子教育中，父母更应该恰当地利用超限效应，使父母的正确引导达到“四两拨千斤”的效果。有的父母在批评完犯错的孩子后，还觉得意犹未尽，接着对孩子进行又一轮的批评。其实孩子在第一次受到批评时，可能已经接受了父母的正确观点，并下决心要改正。结果因为同一件事受到再三的批评，孩子就会产生厌烦情绪，最后极有可能演变成反抗心理，与父母一开始的期望背道而驰。

专家支招

在亲子教育中，一句话重复一百遍不会成为真理，而真理重复一百遍却可能成为一句废话。无论父母的出发点是多么正确，多么为孩子着想，一旦触发了超限效应，那么在孩子那里肯定得不到正面的回馈。苦口婆心地劝说，对孩子提出过高的要求，这些都会引起孩子心理上的不耐烦，甚至产生抵触心理。

孩子为什么忘性大:遗忘曲线规律

杨妮的宝贝女儿4岁。在胎教的时候，杨妮就经常给孩子朗读一些儿童故事和简单的古诗词，像“鹅鹅鹅，曲项向天歌，白毛浮绿水，红掌拨清波”之类的。孩子会说话后，杨妮特别希望孩子能够表现出让自己惊喜的一面，能够复述一些简单的童谣和诗词。可是，女儿就是记不住，不是今天记住了明天就忘了，就是颠三倒四地进行即兴组合，把不相干的内容胡乱放在一块儿。杨妮认为小孩还没有良好的记忆力，就不再要求孩子复述那些简单的故事和古诗词了。

像杨妮这样的情况，很多父母都会遇到。但是杨妮的观点是错误的。再小的孩子，也有记忆力。只要运用好的记忆方法，孩子就能记住一些简单的内容。记忆力是能够通过训练提高的。如果在孩子小的时候不给予一定的训练，当孩子上学读书的时候，父母就会为孩子记不住英文单词和课文内容而烦恼了。

德国心理学家艾宾浩斯研究发现，遗忘在学习之后立即开始，而且遗忘的进程并不是均衡的。他根据自己的实验结果绘成的描述遗忘进程的曲线，被称为“艾宾浩斯遗忘曲线”。在根据这个曲线制作的遗忘规律表中，有三项要素，即时间间隔、记住的百分比和遗忘的百分比。我们从中可以发现:遗忘速度受时间间隔影响;遗忘的速度是先快后慢。记忆和遗忘都是有规律可循的，在记忆的最初阶段遗忘的速度最快，后来就逐渐减慢，48小时之后，如果不进行再记忆，遗忘率则高达72%。这就是遗忘的发展规律，即先快后慢。所以，根据遗忘曲线规律，可以知道，如果不注意复习和重述，那么遗忘的概率是很大的。

对于父母来说，孩子的学习成绩上不去是他们最为头疼的事。他们总是觉得，孩子丢三落四忘性大，是导致学习成绩上不去的主要原因。他们也不知道有什么好的方法能够改善孩子的记忆，就只能让孩子多花时间在学习上，如多看书、多做习题，以为这样一来，孩子的成绩就能够有起色。可惜的是，除了收获到孩子的疲惫和厌倦外，他们一无所获。

其实，孩子的忘性大，从科学的角度看，是因其大脑正处于成长期，整体逻辑思维和条理性还没有成人那么缜密。除了个别的孩子因为体内缺少微量元素导致记忆力差外，大部分孩子的记忆力还是很正常的。孩子的忘性大，虽然是客观存在的，但父母们也并非无所作为，相反，倒是可以利用遗忘曲线规律，培养孩子的好记性。

例如，培养孩子的前瞻性记忆，可以让孩子的记忆能力稳步提高。在日常生活中，我们每个人都会记住自己即将要做的事情，这种能力被称为“前瞻记忆”。心理学家经过研究发现，前瞻记忆能力随年龄增长出现明显的变化。7~12岁的儿童，其前瞻记忆能力是逐年上升的。这个时候父母可以让孩子每天完成一两项任务，比如:父亲打电话回家，让孩子给母亲传话;母亲让孩子在一段时间之后就某件事给自己提个醒，都能有效地激发孩子的记忆能力。

在小学阶段，注意劳逸结合的大都是记忆力好的孩子。课间10分钟，他们很少用来写作业。他们大都知道抓紧时间休息调节一下，然后才能够集中精力进行下一节课的学习。下午的学习常会让他们觉得疲惫，通常他们会在晚饭后休息半个小时左右，调节一下大脑，准备晚上的学习。人的大脑有疲劳期和恢复期。当大脑处于疲劳期，学习只会事倍功半。这些孩子拥有记忆的经验，每隔一段时间，他们就会抽空梳理一下自己所学的知识，因为记忆与遗忘有其规律，他们要抢在记忆模糊之前对其加以巩固。如此，记忆才会清晰有效，他们才会记得更牢更久。

所以，那些为孩子学习烦恼的父母应当知道，当孩子掌握了正确的记忆法则，就不会出现忘性大的缺点了，就能够更多、更快、更好、更久地记住所学的知识，孩子的学习成绩想不提高都难。

专家支招

睡前是记忆的黄金时段。这个时候父母与孩子一起进行睡前阅读、讲故事等，可以有效地提高孩子的记忆力。心理学家告诉我们，人体在睡眠过程中记忆并未停止，大脑会对之前接收到的信息进行归纳、整理、编码、储存。所以睡前的这段时间，对于增强孩子的记忆力来说非常宝贵。

孩子为什么人来疯:选择性缄默

林女士的孩子9岁了，他1岁多开始讲话，在家中与父母及其他亲人相处正常。但是他有点怕见生人，家中来了客人，他总是一个人躲开或去玩耍。一开始父母也不以为意。但后来父母发现孩子在有些场合显得特别兴奋，有点人来疯;在有些场合却显得落落寡合，不太合群。

上幼儿园后，孩子的不合群愈发彰显出来。在学校里他从不与任何同学讲话，也不回答老师的问题。但是孩子能跟得上老师的讲课进程，也能按要求完成作业，成绩也还不错。老师家访的时候，看到孩子的表现与在学校时不一样，就跟母亲说起孩子在学校的表现。母亲跟老师说，孩子回家后和父母交流与玩耍，与一般孩子表现无异。但是在某些场合，孩子会表现得很兴奋，他们都不知道孩子为什么会这么兴奋。

其实孩子在学校的表现，父母并不知道。如果他们亲眼看到孩子在学校的沉默，他们就会揪心，也许会早点带孩子去看心理医生。

林女士的孩子这种表现是典型的选择性缄默症症状。它是指已获得了语言能力的孩子，因精神因素的影响而出现的一种在某些特殊场合保持沉默不语的现象，其实质是社交功能障碍而非语言障碍。选择性缄默症一般集中发生在3~5岁，这类患儿智力发育正常，主要表现为沉默不语，甚至长时间一言不发。这种缄默不语现象具有选择性，即在一定场合下会讲话，如对所熟悉的人讲话。拒绝讲话的场合一般是在陌生的地方或在陌生人面前。选择缄默时，孩子一般会用手势、点头、摇头等动作语言来表示自己的意见，或仅用“是”“不是”等只言片语来表示。

选择性缄默症最早由科斯曼尔于1877年发现，直到1943年特拉曼才为其正式命名。这种病发病率非常低，患这种病的女孩多于男孩。选择性缄默症的症状在孩子上学前常常容易被父母忽视，当孩子不愿意在不熟悉的环境和陌生人中讲话时，常被视为正常的害羞现象。更麻烦的是，由于此类孩子拒绝开口说话，因此心理辅导也无法正常进行。

当孩子患上选择性缄默症时，受影响最大的是孩子的社交能力。而且由于孩子是因为环境和人群的关系表现迥异的，所以父母一般不会重视，还以为孩子是因怕生、羞涩等原因不爱开口说话。长此以往，孩子的选择性缄默症状就会加重，并有可能导致孩子患上自闭症和形成其他消极心理。

引发孩子患上选择性缄默症的原因主要是：孩子自身具有敏感、胆小、害羞、孤僻、脆弱、依赖等性格特征，或者是孩子的父母有明显的人格异常和精神障碍；孩子虽然掌握了语言功能，可因为其他问题，比如口吃，或者是兔唇等，不愿意说话；孩子经受过情感创伤，如家庭矛盾冲突、父母分居离异、父母虐待、家庭环境突变等。

有的孩子因为性格内向等原因，也有可能很少说话，这给选择性缄默症的甄别增加了难度。对于孩子选择性缄默症的准确诊断相当困难，不过心理学家认为，当孩子出现以下几种表现时，父母就要当心了：说话挑地方，有的场合“不能”说话，有些地方说话正常；不说话的表现持续时间过长，超过1个月；无语言障碍，在发生沉默的同时伴随有其他事件发生，如入学或改变学校、搬迁等；没有患诸如自闭症、智力发育迟缓或其他发育障碍等心理疾病，但不怎么说话。

另外，孩子的缄默症有很多细小的分类，也造成甄别的困难。心理学家指出，孩子的缄默症分为选择性缄默症、癔病性缄默症、紧张性缄默症、妄想性缄默症和抑郁性缄默症等，各种症状的表现、影响和治疗都有差别，因此准确地鉴别它们显得尤为重要。

选择性缄默症，大多是源于敏感、羞怯的性格。癔病性缄默症常可持续数周至数月，病前常有明显的情绪矛盾，具有突然发作、痊愈及易于接受暗示的特点；患有紧张性缄默症的人缄默不语，或只说只言片语，同时伴有拒绝、违拗、冲动等症状；妄想性缄默症通常伴有其他明显的精神症状，如与外界接触不良、对任何人均缺乏感情、表情木僵及行为怪异等；抑郁性缄默症有时会伴随阵发性焦虑。

孩子的选择性缄默症属于心理障碍，在治疗上应以心理治疗为主，要尽量避免给孩子各种精神上的刺激，消除其紧张心理，分散其紧张情绪。对一些症状较重的患儿，如过分焦虑、紧张、恐惧等，可在医生指导下服用少量抗焦虑药。

专家支招

孩子一般会在陌生环境中表现得不怎么爱说话，这个时候父母应该有意地准备一些孩子感兴趣的话题或者游戏，帮助孩子消除不适感和紧张感。父母千万不能用“我的小孩内向”“我的小孩比较羞涩”这样的理由来帮孩子做掩饰。因为这样会误导孩子，让他觉得缄默是正常的反应，甚至会成为他拒绝跟别人交流和融入环境的借口。

孩子为什么爱说谎:心理畸变

裴女士的女儿今年8岁，她把全副身心都投入在女儿身上，关心孩子的生活、成长和学习，关心孩子的喜怒哀乐。但是她万万没有想到的是，孩子竟然开始对她说谎了。

事情的起因是这样的:孩子不想去上学，希望待在家里，由姥姥陪着，她觉得这样比在学校里和同学待在一起舒服多了。可是孩子也知道不去学校不好，不敢在这个事情上撒娇。有一天晚上，爸爸的肚子疼，姥姥和妈妈都劝爸爸第二天别去上班了，好好在家歇着。这样一来，孩子就觉得生病好，能不去学校，可以待在家里，于是她就“照方抓药”了，今天跟妈妈说这儿不舒服，过两天又跟妈妈说那儿不舒服。开始的时候裴女士还真担心孩子是哪里不舒服，就让女儿待在家里。可是慢慢地裴女士发现，女儿是装病，就是为了能不去学校。

可是她又不能当面戳穿女儿的谎言，害怕孩子受到伤害。她也想过当女儿说谎的时候，带女儿去医院检查，不过那样一来，又费时间又费精力，还费钱。裴女士觉得很是烦恼——碰到孩子撒谎，还真是左右为难啊。

蒙台梭利认为，孩子说谎的最主要原因是孩子的心理发生了畸变。

她通过对孩子习性的观察发现，在一个陌生的环境中，孩子如果不能自由地实现自己原有的发展计划，就有可能导致心理畸变的发生，而且这种畸变在最初阶段总是难以察觉的。心理畸变让孩子自然而然地学会了说谎。

孩子爱说谎，这是一种普遍存在的心理现象。甚至有心理学家认为，孩子先天就具有欺骗和说谎的能力，任何年龄阶段的人，甚至包括刚出生的婴儿，也都拥有一些天生的了解他人心理的能力。这个时候，哪怕他们还不会说话，也能用他们的表情进行小小的欺骗。所以当孩子掌握语言后，说谎显然再正常不过了。

既然孩子说谎是他们心理发展过程中的正常现象，父母就应该因势利导，在不扼杀孩子想象力的前提下，鼓励孩子说实话，这对于孩子心理的发展是非常重要的。何况，并不是所有的谎言都应该批评和反对，比如说善意的谎言。很多时候，孩子的谎言几乎都是善意的，并不会给他人带来伤害。父母应该做的就是确保孩子的谎言不会伤害自己和他人。

所有的父母也许都会记得《木偶奇遇记》里那个一说谎话鼻子就会变长的匹诺曹，以及在《狼来了》里的那个小牧童。在这些故事的影响下，父母会觉得孩子说谎是个“恶习”。

其实，孩子说谎很少出于恶意，与其说他们在说谎，不如说他们只是在提供错误的信息而已，并且他们通常也不认为自己是在说谎。父母千万不要轻易地将谎言与孩子的品质联系在一起，以为孩子不学好。这些想法会影响对孩子做出正确的评价，甚至会导致孩子也慢慢地认同父母的观点，以为自己不是个好孩子。

心理学家经过研究发现，孩子说谎的原因有很多种，父母千万不可一概而论。

很多孩子说谎和父母有关。孩子在成长的过程中，发现自己的某些行为会引起父母足够的重视。于是，为了让父母关注自己，孩子就会撒谎，比如说自己哪儿不舒服，来吸引父母注意。有时候父母在日常生活中不经意间的一些行为，也会被孩子模仿。比如父亲为了拒绝别人的邀请，就会寻找各种托词推脱，那么当孩子不想做什么事情的时候，他也会如法炮制。当然了，因为某些愿望无法实现，说些类似吹牛的谎言，在孩子的成长经历中也是屡见不鲜的。

另外，孩子也会通过撒谎来逃避惩罚。当孩子有了撒谎成功的经历之后，他们会更加认可这种方式，最终形成习惯。

此外，孩子之所以说谎，还可能是由于记忆的失真或者想象上的错误，而说出了与事实不相符合的话。孩子的记忆力不如成人，容易张冠李戴，这种情况在很多时候也被认为是孩子说了谎。

孩子说谎固然不对，父母对孩子说谎如临大敌也情有可原。不过，想要让孩子少撒谎，父母还要注意方式方法。例如:给予孩子足够的关爱、为孩子树立诚实的榜样、强化孩子诚实的行为等。

孩了说谎行为的形成也可以用斯金纳的强化理论加以解释。该强化理论提出，根据操作形式的不同，可以把促使行为增强的强化分为正强化和负强化，两者均可导致孩子的说谎行为。所谓正强化，指给予愉快刺激，使行为得到强化。比如，一个孩子偶然对母亲撒了谎，“我今天在学校得到了老师的表扬”，母亲迅速做出回应，给予孩子奖赏，就使孩子的这种说谎行为得到了强化。

相反，负强化是指通过消除厌恶的刺激，使行为得到强化。如孩子每次把花瓶打碎都会遭到父母的斥骂，但有一次他把摔坏的花瓶偷偷扔掉，躲过了父母的斥骂，这也使他的这种说谎行为得到了强化。所以说，父母的反应往往是孩子说谎的最大诱因。

专家支招

当孩子出现撒谎行为后，父母首先要冷静下来，认真分析孩子撒谎行为背后的真正原因，这样才能有针对性地纠正孩子撒谎的不良习惯。只有理智地面对孩子的撒谎行为，孩子才会信任父母，才会勇敢地向父母敞开心扉。

蒙台梭利说过，说谎是孩子心理畸变中最严重的缺点之一，但也是孩子日常生活中经常发生的现象。若对这些行为给予各种形式的强制干预，反而会造成孩子内心的焦虑与恐慌，不利于孩子心理的健康发展。父母应该懂得适当地“忽视”，反而能使孩子的说谎行为自然消退。

孩子为什么坐不住:多动障碍

李樯带着孩子参加朋友的婚礼，到了饭店他就后悔了。他的孩子太顽皮了。宴会还没有开始，大家都坐在那里说话，孩子看见了与自己年龄相仿的小伙伴，马上跑过去一起追跑打闹起来。从大厅到洗手间，所有地方都变成了他们的游戏场。

好不容易婚礼开始了，台上司仪还在制造气氛，孩子就开始吃喝起来了。等到新娘新郎交换戒指之后大家开始吃饭，孩子已经吃饱了，又开始坐不住，还跑到舞台上去拿麦克风，他踢翻了酒瓶，撞倒了伴郎，像小耗子一样在桌子之间窜来窜去。其实儿子坐不住，这个习惯李樯早就知道，但总希望在某些场合孩子会懂得应该老实一些。

像今天这样的场合，他觉得自己下不来台。特别是旁边客人对他说:“你们家孩子挺健康的呀，看那生龙活虎的劲。”李樯脸都臊红了，“子不教，父之过”啊。

如果一个孩子不能长期保持注意力集中，做事总是半途而废，他很有可能患上了多动障碍。多动障碍患儿一般会表现出做事冲动和过于活跃，有焦虑感，有交往障碍，经不起挫折等行为。在学校里，他们一般不能在课堂上专心听老师讲课，学习成绩差;在家里，他们和父母之间有很大的隔阂，亲子关系生疏。

有些家长认为“多动症”就是有多动的表现，事实上，多动不一定就是多动症。在多动症患儿中，有些并没有活动过多的表现，他们反而看上去很文静，但学习成绩总是上不去，突出表现是注意力不集中，容易走神，学习困难，做事拖拉，粗心大意。久而久之，他们会产生自卑、消极心理，并出现厌学、逃学、说谎等行为。

多动症实际上是指注意力缺陷多动障碍（ADHD），其有三大核心症状：注意力缺陷、多动及冲动。有的孩子以注意力缺陷为主，有的以多动、冲动为主，更多的则是三者并存，如上课不专心、冲动、任性等。患有多动症的儿童，自控能力一般很差。

对多动症孩子而言，他们的情绪非常不稳定，常因一些小事而大发脾气，常与别的小朋友吵嘴、打架，遇到不顺心的事就大吵大闹，一批评就“潸然泪下”，一安慰又“破涕为笑”。他们的情感也不成熟，在许多方面非常幼稚，自制力差。他们不能很好地控制自己的感情，容易产生逆反心理和对抗情绪。有时他们也会很焦虑，内心紧张。而过度焦虑会产生恐惧。

孩子一旦患上多动症，其身心状态就会发生很大变化，引发许多缺陷，例如注意力涣散、情绪激动、消极悲观、学习困难等。而最突出的缺陷表现在：对周围事物感知缓慢，认知范围狭窄，分辨力弱，缺乏认知的主动性和积极性，意志力薄弱，性格内向，以及由此导致的任性、孤僻、自控力差、时间观念淡薄等一系列问题。久而久之，患儿的自信心、上进心会逐渐消失，严重的甚至会形成自闭症。另外，多动症会影响孩子的记忆力，一般来说他们记忆速度缓慢，保持时间短暂。同时他们的记忆不稳定、不牢固，对学过的东西记得不全面，再认时漏洞百出、前后颠倒，有时记着的也会突然忘记。他们记忆的选择、加工、分类能力较弱，不会有选择地记住重要的东西，对形象、直观的东西能够靠机械记忆记住，但对那些抽象、间接的内容则显得记忆困难。

专家支招

儿童营养与病理专家指出，多动障碍与日常饮食有很大的关系。父母应该改善多动障碍患儿的饮食习惯，帮助孩子平衡营养结构，缓解病情。父母应该给孩子适量增加富含甲基水杨酸、维生素、锌、铁等的食品，例如蔬菜和水果等；少食用含添加剂、防腐剂多的食物，例如膨化食品和方便面等。

第三章 言为心声
——孩子这么说，父母这么听

对于父母来说，经常听听孩子说什么，不仅可以把握孩子的情绪和性格，还能知道孩子的心理状况。有时候听似任性的话，恰恰体现了孩子性格中可喜的变化，例如孩子的自我和独立意识在明显增强。而有时孩子不经意的一句话，也可能暴露出孩子性格发展中不好的端倪。父母一定要善于倾听，及时发现问题、解决问题，这样才能让孩子健康快乐地成长。

“我要！我就要！我还要！”：提防孩子的占有欲

2岁左右的萌萌漂亮又可爱，妈妈的朋友们可喜欢她了，每次吃饭聚会都会让妈妈把小萌萌带上。大家都争着抱她，逗她玩，送她小礼物。不过萌萌可不是不管什么礼物都照单全收的，有些礼物她不喜欢，有些礼物她爱不释手。她有时还抢别的小朋友的玩具。有一次朋友婚礼，给小朋友们准备了很多礼物，可是萌萌看上了另一个小朋友的小熊玩具。虽然已经得到了一个比她自己还高的大白兔，但是她就是不喜欢，就是想要那个小熊。还好那个孩子8岁了，在他妈妈的劝说下，和萌萌交换了礼物，这才皆大欢喜。

妈妈也会跟萌萌的爸爸说：“萌萌现在长大了些，也好像自私了些。她怎么到哪里都要这个要那个，以前她可不是这样的。”以前萌萌乖乖地坐在自己的儿童椅上，吃妈妈给她小碗里添的菜。现在她不停地要吃自己喜欢的菜，刚吃完一口，就说“要吃那个，萌萌要吃那个，我要吃那个”。

在孩子的成长过程中，以自我为中心的自我意识非常重要。心理学家通过研究发现，孩子往往要先形成自我意识，然后才能由己及人，从“我”出发，慢慢知道有“你”、有“他”、有别人，这也是符合认识论的。可以说，自我意识的奠定，直接影响着孩子和外界的关系。因而，孩子的独占行为，其实是孩子认识自我的必经阶段，与自私自利有着明显的本质区别。

因此，当父母遇到孩子独占玩具或者抢夺别人的东西时，不要大惊小怪，更不要觉得孩子品行有问题。但是有另一种独占行为父母需要注意到，那就是孩子特别不允许别的孩子分享自己的父爱和母爱。这种情况常常让父母开怀大笑，觉得孩子需要自己、很爱自己，而忽略了其隐含的心理。出现这样的情况，一般有以下三种原因。第一，孩子在建立自己的势力范围，也就是说在形成自我意识。自我意识在开始的阶段，总有强烈的排他性，当自我意识确立之后，才会有包容性，才会接受他人。第二，孩子缺乏安全感，所以不愿意和别的孩子分享父母的关爱。这说明父母对孩子的关爱不够。第三，孩子占有欲强烈，形成了自私自利的个性。虽然专家指出，这种占有欲是正常的心理现象，随着孩子年龄的增长，通过教育，以自我为中心的意识逐渐淡薄，这种占有欲会逐渐地减少或消失。不过，这种占有欲如果得到持续强化，对孩子的性格发展会产生不利影响，会让孩子变得自私冷酷。这也是父母必须重视的地方，切不可掉以轻心。

孩子幼小时，以个体活动为主，尚分不清自己和客体的区别，这和幼儿自我意识发展不够有关。当孩子头脑中有了“我的”“你的”“他的”的概念，意识到“我的”是“我的”、“你的”是“你的”这个现实时，孩子的占有欲就会变得强烈。换言之，区分孩子占有欲是良性的还是恶性的，要看孩子的自我意识是否建立。有些父母对这一问题认识比较模糊，容易将孩子的占有欲简单地归结为自私心理，这说明父母没有考虑到孩子的年龄和心理特点，因而其教育难以收到理想的效果。

父母要注意到，当孩子的自我意识确立后，再出现争抢行为，就要及时给孩子进行疏导。首先不要无原则地迁就孩子的占有欲；其次可以让孩子经常与伙伴一起玩，体会分享的快乐；再次父母要给孩子以适当的满足，不能粗暴地拒绝或者一味地满足他的一切要求。这些都可以有效地抑制孩子的占有欲。

总之，孩子的占有欲是伴随着孩子自我意识的确立而产生的正常现象。当然，对于那些占有欲特别明显和强烈的孩子，父母应认真分析原因，并采取正确的措施来避免孩子形成极端自私的性格。

专家支招

当孩子说“我要”“我的”之类的话时，父母应该意识到，孩子的自我意识正在确立，这个时候是给予孩子更多“营养”的好时机。在自我意识的建立过程中，好的、坏的性格都特别容易建立。所以父母这个时候应该尽量帮助孩子挖掘良性因素，形成好的性格。另外，自我意识的确立总是伴随着自私现象，父母要特别注意尺度的把握，别让孩子自我过了头，形成自私的性格。

“不要你们帮，让我自己来！”：培养孩子的自信

艾米在地板上玩积木，妈妈和朋友在聊天。朋友对妈妈说：“小艾米挺乖的啊。”妈妈说：“才不是呢。她现在自个儿玩，玩得不亦乐乎。如果不玩游戏，她就老黏着人，可烦呢，有的时候还闹觉，睡觉前可折磨人了。”

朋友蹲下来看小艾米投入地玩着游戏，只见她想要把各种形状的积木放进积木盒里。方的积木要从圆的孔里塞进去，小艾米怎么塞也塞不进去。朋友看着好玩，就跟小艾米说：“从这里放进去就可以啦。”但是小艾米很不配合，一副自己能行的自信表情。

妈妈说：“小艾米玩游戏的时候，一般喜欢你和她一起玩，但不喜欢别人教她怎么做，都是自己来。这会儿你和她熟悉了，看看她愿不愿意跟你一起玩。”于是朋友就说：“小艾米，给阿姨玩玩好不好？”艾米很听话地把积木让给了阿姨，自己在一旁看着阿姨把一个个积木放进孔里。

不少父母都有一个共同的苦恼，就是觉得自己的孩子缺乏自信。自信是孩子成才与成功的前提条件，一个缺乏自信、充满自卑的孩子，即使脑子很聪明，反应灵敏，但在学习中稍遇困难和挫折就会自我设置障

碍，寻找借口，不想做出努力来改变不利的现状。而有自信的孩子不怕困难，积极尝试，奋力进取，会获得更多的知识和经验，也能争取到更好的成绩。

尽管父母们都想让自己的孩子自信满满，但是他们可能没有意识到，正是自己扼杀了孩子的自信。例如，在公园里玩的时候，孩子的鞋带松了，本来孩子想自己系鞋带，但是妈妈剥夺了孩子建立自信的机会，因为她们不是觉得孩子系不上，就是嫌孩子系得不好看。

还有一些时候，父母总习惯用自己的标准来打扮、要求孩子，这也会削弱孩子的自信。比如，带孩子出门，孩子特别想要穿她喜欢的那双鞋，可是妈妈偏说:“我们不穿那双鞋，那双鞋不好看。我们穿这双鞋，这双鞋好看。”结果呢，孩子虽然穿上了妈妈指定的那双鞋，其自信却在无形中受损了。

在孩子要自己尝试做一件事情的时候，父母之所以会不假思索地反对和拒绝，是因为他们觉得孩子还小，还没到自己做这个的时候。其实他们不知道传达给孩子的感觉是:你不行，你做这个事情的能力不够。在父母的影响和改造下，孩子形成了不自信的反应机制。长此以往，碰到任何事情，哪怕是孩子能做到的，他也会表现出不自信。这时候父母再想去弥补，去改变孩子，使他重获自信，就很难了。

因而，生活中的任何小事情都不容忽视，否则本来能建立孩子自信的事情，因为处理不得当，反而削弱了孩子的自信。在日常生活中，父母千万别亲手将自己的孩子变得不自信。

培养孩子的自信，父母首先需要做的就是扭转自己的观念。孩子的自信是在不断成功的过程中逐渐形成并加强的。虽然失败也会对孩子的自信产生影响，但失败后的成功对孩子自信的建立更为有效。事实上，最可怕的就是不作为——什么事情都不让孩子去做，孩子怎么能建立自信呢？

观看鹰妈妈如何训练小鹰飞行，可以为很多父母提供借鉴。稚嫩的小鹰害怕飞行，不敢尝试，但鹰妈妈每次都将小鹰赶出鹰巢，让小鹰在悬崖上跌跌撞撞，在气流中打转、迷失方向。小鹰在一次次失败中变得自信、坚强起来，并最终成为飞翔高手。

在亲子教育中，当听到孩子自告奋勇要做某件事情的时候，父母一定要学会放手，让孩子去尝试，而不是越俎代庖，帮孩子做那些事情。帮孩子做事实际上不是在帮孩子，而是在害孩子，让孩子永远都无法在锻炼中获得自信。想想看，一个没有自信的孩子，如何在社会上立足？

因而，父母的言行对孩子的自信心至关重要。适当的评价和及时的放手，经常对孩子说“你真棒”，孩子就能看到自己的长处，肯定自己的进步，建立起自信。反之，经常受到父母的否定，经常听到“你不行”“你不会”的评价，孩子也会否定自己，变得越发不自信。

父母要培养孩子的自信心，可以从赏识孩子的点滴进步做起，多对孩子说“你真棒”，孩子的自信自然水涨船高。比如孩子自己要穿衣服，你就应该让他自己穿，哪怕花的时间长点儿，哪怕孩子扣错了纽扣。千万别说“我让你别自己穿，你就不听，爱逞能”，而应该说“你已经长大了，是应该自己穿衣服了”。

同样，当孩子试着做一件事而没有成功时，父母应避免用语言和行动打击他。父母应该把事和人分开，做一件事失败，并不意味着孩子的能力不够，只不过是因为孩子还没有熟练地掌握技巧而已。一定要让孩子相信:一旦掌握技巧，他就能把事情做好。

让孩子不断地获得成功的体验，他会更快地建立自信。因此，父母应该根据孩子的发展特点，让孩子做一些力所能及的事情，千万不要让孩子一开始就做难度很高的事情，经历屡做屡败的过程。如果让孩子总是经历失败，那对孩子建立自信肯定会有很坏的影响。人的局限很多都是来自于自己的心理设定。如果孩子有太多失败的阴影，他就很难取得突破。

专家支招

没有自信，人生就失败了一半。然而，孩子有多自信，其实是父母说了算。事事包办的父母和适时放手的父母，他们孩子的自信程度肯定是截然不同的。而父母对待孩子的态度，可能与父母自信与否也息息相关。所以，在培养孩子自信的同时，父母应该让自己表现得更自信。只有父母自信满满，才能培养出自信满满的孩子。

“好妈妈，快亲我一下啊！”：拒绝孩子的依赖性

家里来了客人，米多可高兴了，跑前跑后的。妈妈说：“米多很少见到家里来这么多客人，他就喜欢家里人多，有人陪他玩他就高兴了。”

在和大人们一起玩的时候，不管多高兴，就像定时了一样，每隔十分钟左右，米多就会跑到妈妈身边，要妈妈亲他一下，也不管妈妈是在做菜，还是在打牌，或者是在和朋友聊天。“妈妈，亲亲。”妈妈亲他一口，他才满意地继续去玩。朋友说：“米多怎么像个女孩子一样？”妈妈说：“可能是让他奶奶给宠的，特别黏人。我一天不知道要亲他多少下。”

但是，米多却不让妈妈的朋友们亲他。大家看他漂亮，都忍不住要亲他。每当这种时候，米多都很紧张，别人要抱他、亲他，他就喊“妈妈”，妈妈说“米多乖，让叔叔阿姨亲一下”，但是米多就是不愿意。

不少父母“心太软”，恨不得把所有的事情都替孩子做好，对孩子的一切大包大揽，结果让孩子患了“软骨症”，形成了依赖心理，这样就给孩子以后的生活造成了巨大的障碍。拒绝孩子的依赖心理，应成为父母最重要的一堂必修课。

有的父母抱怨说:“每次我离开时，孩子都要不停地哭闹。”这种情感上的不舍，其实是孩子依赖心理的开端。情感依恋是典型的心理依恋，即某人（或者某人的反应）成为他人做事的动机。长此以往，孩子就会变得离不开父母，对外界的一切感到不适。有报道说，很多孩子上了初中、高中，甚至大学，生活自理能力都很差，还需要母亲一路陪读。这样的例子被很多父母引以为戒。不过“冰冻三尺，非一日之寒”，孩子这种可怕的依赖性可能从他刚出生开始，就在父母不知不觉的宠溺中萌芽并逐渐形成了。

孩子过度依赖父母，不但给父母的生活造成不便，而且对自己的成长发展也极为不利。父母拒绝留在孩子身边，其实也是必需的举措。孩子正是在伤心中意识到，自己应该独立，应该独自去应对很多事情。这样，孩子就会战胜依赖心理，主动积极地去发现新天地，去和更多陌生人交往。

很多父母都有这样的经历，只要自己对孩子关爱得当，在保证不破坏孩子安全感的同时，给予孩子更多的自由空间，孩子会越来越独立。此时孩子通常会自得其乐，并不需要父母。只有当孩子需要有人做伴，或者是需要来自父母的安全感时，孩子才会重新需要他的父母。随着孩子的成长，他致力于建立自己的独立性，不会过多地待在父母的身边。反而是父母出于奇怪的心理（比如说占有欲），总是出现在孩子周围，干涉孩子的尝试，让孩子被动地依赖他们。慢慢地他们只习惯于同父母（往往只同父或母）相处，慢慢地他们会离不开父母，怕见陌生人，形成很强的依赖性。

要杜绝孩子的依赖性，父母就应该致力于培养孩子的独立能力。父母要引导孩子做力所能及的事情。父母不应该在孩子一遇到困难要求帮助的时候就代劳，而是要给孩子适当的鼓励，比如说“妈妈相信你能做好”“这点小事难不倒我们家的男子汉”等，让孩子受到刺激和鼓励，积极地去独立完成。

如果孩子想自己尝试，父母没必要总是事无巨细地关心。放手让孩子去做，就是给孩子一个机会，让他在自己动手尝试中获得经验教训，以便将来更好地解决问题。这种经验对孩子来说可能是成功的，也可能是失败的，但不管是成功还是失败，它们都会在孩子今后的生活中发挥重要的作用。

专家支招

父母不要太迁就孩子，不要让孩子觉得是为了父母的奖赏，或者是为了逃避父母的责备而去做某件事。父母更不应该帮助孩子去完成他应该独立完成的事情。有的爷爷奶奶宠溺孩子，甚至帮助孩子做作业；孩子在学校表现不好，不是教育孩子，而是到学校去闹。家长这样做不是在爱孩子，而是在害孩子。如果想锻炼孩子的独立能力，就应该多让孩子自己动手，杜绝他们形成依赖心理。

“妈妈，我做了个奇怪的梦！”：引导孩子的沟通欲

暑假里爸爸妈妈带着兰兰去了一趟三亚，三亚的海滩给兰兰留下了深刻的印象。

有一天早晨，兰兰醒来了，却没有起来。妈妈说：“小懒虫，星期天虽然不用去上学，可是也不能赖床啊。”兰兰回答说：“妈妈，我做了个梦。”妈妈坐到兰兰床边，问道：“那你梦到什么啦？”

兰兰闭上眼睛，使劲想了一会儿，说：“我梦到了大海，还有海轮。”妈妈说：“就这些吗？”

兰兰说：“梦里我看到好多好多又好看又好吃又好玩的东西，有椰子，有螃蟹，还有我们在沙滩上跑啊跑啊。我躺在沙滩上，看到好多星星……”

那一天早晨，兰兰躺在被子里，妈妈坐在床边，她们说了好长时间的话，说了很多有关那段三亚旅行的快乐生活，还说了很多学校里发生的事情。平常兰兰从来不曾跟妈妈说过这么多话，妈妈这才发现，原来自己的孩子是有很多事情想要说给自己听的。

心理学家早就发现，8个月大的孩子就已经会受到梦境的影响了，他

们在睡眠中会微笑，或者会突然哭起来，直到自己哭醒。其实孩子在妈妈肚子里时，就渴望与母亲和外界进行沟通了。他们通过踢母亲的肚皮，和母亲展开交流。这个时候，母亲会很兴奋地告诉父亲:“快来摸摸，小家伙又在动了。”

可是，当孩子出生后，随着孩子的慢慢成长，亲子之间的交流却出现了大问题。究其原因，父母一直在扮演“说”的角色，而孩子则扮演了“听”的角色。于是，父母尴尬地发现，孩子越来越不愿意跟自己沟通了。也许开始的时候他们以为是孩子的性格如此，可是慢慢地他们发现孩子跟有的人很谈得来，也愿意向对方敞开心扉，畅谈自己的苦恼与喜悦。父母为此感到很困惑。

好多父母发牢骚:“孩子回家后什么都不跟我们讲！”“我们根本不知道他心里在想什么！”做父母的，从关爱角度出发，自然非常急于了解孩子的内心世界，但孩子不愿意向家长诉说自己的心里话。亲子关系冷漠，这不能不让父母心急。

也许父母还记得，当孩子牙牙学语的时候，孩子是乐意跟自己说话的。而父母那时也会很有耐心地跟孩子说一些“傻话”，完全是根据孩子的兴趣和孩子聊天。为了培养孩子的语言能力，父母可以和孩子进行平等的对话，这些聊天通常是随机的、无意义的。父母乐此不疲，而孩子也兴趣盎然。

但是到孩子懂事后，父母的言谈越发无趣起来，那种无意义的、随机的话题少了很多，代之以一些道德说教，“你应该怎样”“你不应该怎样”，这些都是孩子不爱听的，而父母则三句不离这些内容，所以，孩子越来越不愿意和父母聊天了。

父母应该像朋友一样和孩子交谈，和孩子一起高兴或生气，时间久了，孩子自然就会有和父母沟通的欲望。这样的好处是，既培养了孩子的讲话能力，又有利于亲子之间的沟通，并能不断地加深相互间的感情。父母要切记，与孩子交谈时，不要动辄就下结论，把自己的观点强硬地灌输给孩子。如果这样，孩子会慢慢地失去与父母谈话的兴趣，从而影响亲子相互的沟通，最后孩子可能会拒绝再与父母沟通。

亲子之间的沟通出现隔阂，关键还是父母出了问题。比如说，大家都知道亲子之间的交流应该遵循平等原则，但很多父母忽略甚至破坏了这一原则。又比如说，父母希望孩子向自己说学校的事情，但父母有没有想过自己为什么不向孩子说自己一天来的工作情况呢？如果父母觉得，大人的事情孩子不懂，那么孩子也会觉得，孩子的事情大人也是不懂的。

如果父母先把自己一天的工作生活讲给孩子听，慢慢地孩子也会试着向父母倾诉自己的经历和想法。这样的互相倾诉，能让父母和孩子之间增进了解，这可以成为家庭沟通的保留节目。也许父母没有意识到，在讲述工作经历的同时，还能把一些为人处世的道理潜移默化地教给孩子。当然这个过程需要慢慢进行，父母千万别表现出太重的好奇心，别提太高的要求，否则就会打压掉孩子刚培养出的倾诉愿望。

父母应该从各个方面引导孩子向自己倾诉，让孩子从对自己无话可谈到无话不谈，激发孩子的沟通欲，促进和谐的亲子关系。

专家支招

良好的沟通是解决心理问题的灵丹妙药。但是在亲子教育中，父母和孩子很难实现真正的沟通，因为双方并不平等。父母一定要将孩子视为自己的朋友，也一定要以倾诉换倾诉，这样才能让倾诉进行下去，才能让沟通取得理想的效果。

“那个是我的！不给他玩！”：建立孩子的自我意识

这是一个妈妈贴在微博里的日记：

今天发生了一件事情，我的“小不点”不爱我了，她把全部注意力放在了她的一只小碗上。走到哪里都带着她吃饭的家伙，吃饭真有这么重要吗？

今天带着“小不点”在小区散步，一个邻居家的孩子，比她大一点，想要玩她的玩具。她不仅不给他玩，还不让他旁观，最后干脆自己也不玩了。我劝说她要与别人分享，她说：“这是我的！我不给他玩！”

今天孩子的姥姥来，“小不点”闯祸了，喝水时跟姥姥淘气，把水洒在了姥姥的鞋子上。姥姥说：“琪琪不听话不乖。”她马上说：“琪琪不乖。”天啊，这是她第一次这样自称，她知道自己是琪琪、琪琪是她了。姥姥说：“以后你们可不能乱喊名字了，什么‘小不点’‘大不点’的，对孩子影响不好。”天啊，难道我以后不能喊她“小不点”了吗？伤心啊，烦恼啊。

自我意识是个体在与客观环境的相互作用中逐渐形成的，是通过后天培养和矫正形成的。自我意识对儿童的心理发展很重要，因为孩子健康个性的形成，有赖于良好自我意识的建立。父母应该帮助孩子认识自己，处理自己和外在的关系。自我意识很强的孩子，形成和加强其他性格特征会更加容易、更加快速。但如果孩子自制力不够，又没有得到及时的引导和调整，孩子的成长轨迹就会发生偏移，这会给孩子的一生带来不利影响。

儿童心理学家指出，人的自我意识并不是天生的，当1岁左右的孩子能正确地用自己的名字称呼自己时，比如称呼自己是“妈妈的小宝贝”“小豆豆”“小菲菲”，这标志着孩子的自我意识已经形成。这个时候，他会特别在意自己的玩具、食物。甚至是妈妈对别的孩子好，他也会走过去说“这是我的妈妈”，一副害怕被别的小朋友抢走自己妈妈的紧张表情。不愿意与他人分享自己的所有，这是确立自我意识很重要的一个环节。这个时候，父母尤其要注意，处理稍有不当，孩子就很容易变得自私自利。

当孩子自我意识薄弱的时候，他们对自己的认识，主要依靠外界的投射。所以父母应该有意识地引导孩子进行自我认知，用各种方式让孩子从各方面了解自己。在孩子自我意识的形成过程中，父母是可以施加积极影响的。专家指出，在积极的家庭环境中，婴儿能较快地耳聪目明起来;而在消极的家庭环境中，婴儿却久久地停留于混沌状态。

为了让孩子在确立自我意识的同时，养成其他诸如责任感等品质，父母应该让孩子分清、明确自己的界线。心理学家强调，在孩子成长的过程中，帮助孩子建立和明确自己的界线非常重要，只有明白了自己的界线，才能在自己的界线内负责，这也是自知的重要内容。例如，妈妈让孩子打扫卫生，就应该明确地告诉他，作为家庭成员，做家务事是他应该承担的义务。

父母还应该积极帮助孩子提高自我评价的能力。心理学家研究表明：

4 岁的孩子开始具有一定的自我评价能力，能够根据一定的行为规则来评价自己。自我评价是自我意识的核心，它对于孩子智商、情商的培养是极为重要的。父母应当为孩子创造自我评价的环境，引导孩子提高自我评价的能力。孩子的自我评价越高，越有利于培养孩子自信、勤奋、乐观的个性，这就使得孩子自我意识中积极的成分占主导地位，对孩子的发展更为有利。

总之，让孩子形成自我意识，并养成众多有利于自我发展的性格，是一个重要的过程，也是一个长期的过程，需要循序渐进。父母不可急于求成，对孩子的发展提出过高的、不合理的要求，不能犯拔苗助长的错误。

专家支招

拥有良好的自我意识，是一个人形成良好的自觉性、自控力的前提。当孩子排斥他人的时候，其实恰恰证明孩子的自我意识在形成，就好像孩子长牙的时候喜欢咬人，这是一个正常的心理反应。对于父母来说，孩子不爱学习，对自我要求不高，根源是其自我意识还不够完善。这说明孩子的自我意识还处于薄弱阶段，不能进行有效的自我评价。父母应该从小培养孩子的自我意识，使孩子的自我意识尽快确立，这是非常重要的。

“你再这样，我真的生气了！”：彰显孩子的独立意识

多多在房间里玩玩具，有变形金刚，还有蜘蛛侠、超人和机器猫。多多的玩具很多，全是亲朋好友们送的。妈妈在书房上网和朋友聊天。突然，妈妈听到多多在大声说：“你们怎么老是不听话啊？再这样我就不跟你们玩了。”听起来多多很生气。

妈妈赶紧去看多多在干什么，为什么生气。原来多多把玩具分成了两拨，让它们互相交朋友，进行比赛。可是变形金刚老是撞在墙上，而布娃娃靠在墙边老是站不住。妈妈问多多：“为什么不跟玩具们玩了？”多多说，他们在玩角色扮演游戏，可是玩具们老是完不成规定动作，扰乱了游戏秩序。妈妈问：“那么它们在游戏中应该做什么呢？”多多说：“变形金刚卡车人应该带着恐龙到超人这里做客，布娃娃应该站在门边等候客人进门，可是它们都不能完成自己的角色。”多多为此很生气，他认为玩具们应该能做好自己分内的工作的。

心理学家提出几种对孩子发展特别有帮助的能力，其中独立自主是最重要的一种。独立自主是健康人格的表现之一，它对孩子的生活、学习以及日后个人的发展，都具有非常重要的影响。著名教育家卡尔·威特提出一个观点，他认为父母致力于对孩子独立能力的培养，才是对孩子

的真正关爱。需要提醒父母的是，对孩子的溺爱和娇宠，是影响孩子形成独立人格的最大障碍，只会让孩子在将来的生活中吃尽苦头。

让孩子独立自主，在某种程度上说就是脱离父母的影响，摆脱父母的控制。这种脱离历时很久，从婴儿出生那一刻就开始了。随着孩子的身心发育逐渐成熟，生活自理能力逐渐加强，孩子将越来越独立，这个时候与父母的摩擦也会加剧。比如说，叛逆心理是孩子独立自主的表现，但是由于父母的控制，叛逆心理被强化，成为影响和破坏亲子关系的最主要因素。

父母应该在合适的时候学会放手，让孩子自己走路、自己吃饭，让孩子自己学会和同龄人交往等。然而很多父母都下意识地觉得，小孩子不懂事，现在独立为时尚早，等到孩子大些再开始培养其独立性也不迟。心理学家指出这种认识是错误的，父母绝对不能从自己的角度出发，帮助孩子做决定。虽然年幼的孩子还不能自觉地去做什么事情，但是父母应该加以引导而不是制止他们独立性格和意识的培养及确立。孩子的独立性，应该是越早培养越好。

生活中不乏这样的例子，如果孩子不小心碰到桌椅上，因为疼痛而哭泣，有些父母通常会去谴责或敲打桌椅，以此来安慰孩子。这样做，孩子就不会认为是自己不小心才被碰的，下次他也许还会不当心，还会碰伤弄疼自己。所以，这个时候父母应该引导孩子认识到是自己犯了错误，不能把错误推给别人或别的事物（比如说椅子），能认识到自己的错误也是孩子具有一定独立性的重要表现。

在孩子成长的道路上，一直存在着一个温柔的陷阱，这个陷阱就是父母的溺爱，它让孩子失去了许多独立的机会。儿童教育专家认为，过分的爱其实是伤害。宠爱只会让孩子丧失形成独立人格的机会。

虽然卡尔·威特的儿子小卡尔先天不足，但这不妨碍卡尔·威特对其独立性的培养。到了小卡尔该学走路时，卡尔·威特就毅然放开手，并不因为小卡尔先天体质弱就舍不得让他走路摔跤。虽然小卡尔一次次地摔在地上，卡尔·威特照样让他自己爬起来。很快，小卡尔就学会了走路，虽然他付出了比常人更多的努力和艰辛。

也许父母都忘不了孩子蹒跚学步的场景。培养孩子的独立性，就如同让孩子学会迈出第一步一样。如果妈妈担心孩子摔跤，那么孩子永远不敢迈出脚步。几乎没有父母会有意识地伤害孩子的独立能力。但是，在生活中父母对孩子的过分保护，是造成孩子独立能力消退的最主要原因。父母应学会放手，以培养孩子的独立意识和独立能力。

孩子的独立，不仅体现为生活上的自立，更体现为心理上的自立。大多数父母希望孩子能在生活上尽早独立，却忽视了孩子的心理感受。父母喜欢将自己的意愿强加给孩子，要求他这样或那样做。同时，父母又以“小孩子不懂什么”为理由，对孩子的一些依赖行为熟视无睹。这样的做法，会使孩子在心理上越发不能独立。

在日常生活中，父母不仅要对孩子的生活自理能力进行培训，还要随时注意孩子智力、心理状态和行为等方面的情况，让孩子的心理和身体都能尽早地独立起来。

专家支招

家长应尊重孩子的独立意识，让孩子成为孩子自己，而不是父母的玩具和复制品。父母不能成为孩子的“手”、孩子的“脚”，更不应该成为孩子的“大脑”，替孩子做事，替孩子做决定。父母仅仅需要充当孩子的保护者和监护人。当孩子说“我自己来”时，父母就应该学会放手，让孩子自己来；当孩子想要做什么决定时，正是孩子独立意识萌芽的时候，父母应该让孩子自己做主。当孩子需要一臂之力时，父母给他应有的支持就可以了。

“我就不听！我就不听！”：提升孩子的情商

王晓燕带着5岁的宝宝跟闺密逛街，开始的时候宝宝玩得很投入，可是，很快宝宝就不高兴了：抱着，她也哭闹；给她买吃的，她也哭闹；让她坐在麦当劳里，她也哭闹。王晓燕一点办法也没有，跟宝宝讲道理，她也听不进去，只是一个劲地说：“我要回家，我要回家。”

王晓燕也不是第一次碰到宝宝“就是不听”这样的不配合行为。自从有了孩子之后，她跟闺密一起逛街的次数就少了。这次好不容易大家都有空，宝宝也乐意跟她们出来，可现在碰到宝宝这样闹情绪，她心里很不爽。想到微博里看到的照片，外国年轻夫妇在外面旅游时，如果孩子哭闹不听话，会真的让孩子自己一个人，也不去看她。即使孩子哭得很伤心，也不影响年轻夫妇的游玩兴趣，专家还说这对孩子有好处，但王晓燕觉得这样有点残忍。中国父母很少能这样对待自己的孩子。

越来越多的父母已经意识到，让自己的孩子成为一个情商达人，比让孩子成为一个智商天才更为重要。情商和智商不一样，智商是天生的，后天所做的只是去发展先天的潜力而已；情商却是需要后天培养的，父母可以通过有效的方法，帮助自己的孩子提升情商。高情商的孩子更受他人的欢迎，因为他更能控制自己的情绪，例如愤怒、嫉妒等负面情绪，他更能体谅父母、老师和同学，尽可能地为他人着想。低情商的孩子则会惹怒其他人，既让父母头疼，也得不到老师的赞扬，无法融入同学圈。可以说，孩子表现出来的情商指数，就可以反映孩子成人后的成就、人际关系和个人幸福指数。孩子情商培养及形成的时期，主要集中在15岁以前。因此，父母应该从小对孩子进行情商培养，提高孩子的情商。

实际上，父母有时候往往无视甚至错失了对孩子的情商培养。当孩子有自己的观点，具有强烈情绪反应时，父母往往不分青红皂白地一概否定。他们要孩子听话，做乖孩子，这其实是完全无视孩子作为独立个体的要求。孩子被抹杀了个性，情商又从何谈起？比如说，孩子喜欢玩泥巴，父母就以卫生为由制止，让孩子远离天真的童趣；孩子喜欢和小狗、小猫玩，父母就以安全为由，禁止孩子和宠物接触，抑制了孩子天然的爱心。父母在不知不觉中，反而成为抑制孩子情商发展的“罪人”。

随着现代竞争意识的增强和现代科技文化的发展，孩子的情感思维能力也在加速发展，父母不仅要及时培养和开发孩子的情感思维能力，还要与时俱进，千万不能墨守成规、一成不变。如果还按照老皇历——以前父母教育自己的老一套来教育孩子，不仅没有效果，反而会带来更大的伤害。方法不对，效果不是打折扣，而是完全成了负面效果。现在孩子见多识广，很有见解，如“爸爸经常喝酒应酬不对”“人家的妈妈晚上看书，你只知道玩游戏”等感受能力，正是一种高情商的表现，父母不应该轻易抹杀，而要加以诱导。总之，父母在孩子的情商教育中应该根据孩子的不同特点，采取适合孩子的方法，正确引导孩子的情商沿着健康的方向发展，千万不能想当然地按照自己的意愿来塑造孩子。

在情商教育过程中，父母应该注意以下几个方面。父母应该经常用

"你是不是不开心了？""你要是感到委屈……"等话语来帮助孩子辨识自己的情绪，并教会孩子妥善处理负面情绪，例如"伤心的话不妨哭出来，不能憋在心里"。同时父母要帮助孩子树立自信、乐观的人生态度和培养良好的人际互动能力，这些都会帮助孩子提升情商。

教育无所不在，影响无所不在。父母千万不要以为只有同孩子谈话、对孩子进行批评的时候，才是在进行教育。父母怎样穿戴，怎么待人处世，怎么表情达意，这一切对孩子的情商发展都有着重要意义。孩子的好奇心和模仿能力都很强，他们每天都观察着父母的一举一动，默默地模仿和学习着。儿童教育专家告诉我们，如果只对孩子提出要求，而不检查孩子的完成情况，这样就难以帮助孩子在情商上有所进步。在严格要求孩子时，父母要注意提出的要求不能过高，要符合孩子的年龄特点。超出年龄阶段的要求就是苛求，会给孩子的情商造成巨大的不良影响。

专家支招

成功的人生离不开情商。情商反映了一个人控制自己情绪、承受外界压力、把握自己心理平衡的能力。心理专家告诉我们，某些时候某些方面情商比智商对人更重要，它在很大程度上决定了一个人的婚姻、工作和人际关系，甚至影响着成就感和幸福感。尤其值得重视的是，现在独生子女家庭较多，这是一个特殊的育儿环境，父母的过分宠爱与呵护，会产生许多特有的情感问题，对孩子的情商教育存在的误区可能也就更大。独生子女家庭的父母更应尽快掌握情商教育知识，这是每一位父母应尽的责任。

“看那个老奶奶，她真可怜！”：激发孩子的同理心

王丽带孩子去市场买菜，在市场外面有一个花甲老人在卖自家地里种的蔬菜，价格要比市场便宜，而且更新鲜。王丽跟老人讨价还价，最后原本6元的青菜，王丽给了老人5元。在回家的路上，孩子突然跟王丽说：“妈妈，刚才卖菜的那个老奶奶真可怜，她看上去比外婆还要老，却还要自己来卖菜。”孩子接下来的问题更让她无法回答，孩子问：“为什么老奶奶那么可怜，你不多给她1元钱呢？”王丽无语。在孩子的童心面前，她真的无法自圆其说了。

在心理学中，同理心是一项重要的心理素质，它直接影响个体与外界的融洽关系。同理心是指人们在人际交往的过程中，能够主动地体会到他人的情绪和想法，能够站在他人的立场，从他人的感受出发看待问题、处理问题的能力。简单地说，同理心就是从对方的角度设身处地地思考问题的一种方式。

同理心是建立良好沟通，获得他人好感和信任的桥梁。如果一个人没有同理心，就很容易漠视他人，对他人的幸福和悲伤视而不见，也会嫉妒他人的成就和幸福，对他人的失败和不幸幸灾乐祸。可以说，缺乏同理心是人际交往的毒药。孩子还处在与世界、与他人建立关系的最初

阶段，当孩子流露出同理心的时候，父母一定要妥善呵护，切不可忽略不计。当孩子说“某人可怜”“某人并不是坏人”的时候，父母绝对不能认为孩子什么都不懂，强迫孩子接受成人的世界观，那样对孩子而言将是一场灾难，因为他也许再也不会树立同理心，而会视他人为地狱了。

在亲子关系中，同理心显得尤其重要。心理学家经过研究发现，孩子同理心的建立与亲子教育方式关系很大。在教育孩子时，如果强调他的错误行为对别人产生的影响（比如因为你做错事，奶奶也被骂了），孩子的同理心就会较敏锐，比较愿意站在他人的立场上考虑问题；如果父母一味就事论事，责怪孩子愚蠢的行为（比如你怎么做事总是不动脑筋），孩子的同理心就会不足，甚至缺失。

很多父母希望孩子能够理解自己，自己却很少主动去理解孩子的想法和要求。他们会觉得，“我们已经为你做了那么多，为什么你不能理解我们的苦心？”可是，如果为孩子所做的一切，并不是孩子最渴望得到的，那么孩子怎么会愿意去接受这些？除非他放弃自己的感受，可是这样一来，孩子的情商发展势必受到影响。如果父母自己不会设身处地地为他人着想，那么孩子的同理心是无法建立的。如果母亲看不起穷人，那么做孩子的肯定也会瞧不起穷人，因此才会发生开宝马的母女俩侮辱清洁工人，遭到围观市民反感的事。当新闻里出现有关灾难的报道时，父母可以说“他们肯定很苦”“孩子的玩具都没了吧？孩子上学怎么办”，这么一来孩子就能感受到受灾的人们的难处，同时增加了他的同理心。

为了培养孩子的同理心，父母要善于捕捉孩子情绪的变化，让他们自己说出内心的感受。特别是孩子在外面和小朋友闹了矛盾，希望得到父母的安慰和支持时，父母应引导他自己面对问题。要引导孩子不仅只考虑自己，也要替对方考虑。孩子能够从对方角度出发考虑问题时，同理心也就初步建立了。

教育孩子未必一定要让孩子大公无私。事实上，完全利他是不存在的。不过，这并不妨碍培养孩子设身处地地为他人着想的同理心。一个完全不顾他人感受的人，就会失去所有的朋友。相信所有的父母都不愿意让孩子陷入这样孤独的境地。

专家支招

亲子之间的有效沟通是培养孩子同理心的前提。孩子某些不近人情的行为背后，一定有心理诱因。比如有的孩子总是不听父母的建议，常常取笑别人、埋怨老师等，是因为他们不能理解对方的心理，缺乏同理心。在亲子教育中，父母应该更多地从孩子的角度出发，言传身教地告诉孩子同理心在人际沟通方面的重要性，只有这样孩子才会理解父母的良苦用心。

第四章 正确解读信号
——孩子异常行为背后的心理密码

父母在一起，会经常就孩子的话题展开热烈讨论。不过父母只愿意谈好的方面，不愿意谈孩子不足的方面。比如孩子运动天赋出色、语言能力出色、有文艺细胞、懂事等，这些都是父母津津乐道的话题；而一说到孩子的异常行为，父母就不太爱说了。父母当然愿意表现一种自己孩子非常优秀的自豪感，但是这种心理反过来也会影响父母的选择性过滤，致使父母无法看到孩子身上存在的一些危险信号，从而错过最好的纠正时机。孩子有异常行为不可怕，可怕的是父母视若无睹，任由其发展。这些异常行为会对孩子的一生产生严重的影响。

撕书扔东西：孩子的攻击欲望强

在儿子11个月的时候，王慧给他买回了一套亲子阅读的故事书。一有空她就和孩子一起看书，她一边和孩子一起看图，一边给孩子编故事。刚开始几天，孩子很兴奋，没事的时候，自己也会坐在地板上“哇啦哇啦”地阅读，还用手指指着图片。

可是后来王慧发现，孩子开始撕书，动作还很大，有点“破坏王”的感觉。他挥舞着小手，提起一张纸，然后一用力，“刺啦”一声，半张纸或者整张纸就被撕了下来，孩子还高兴得很，跃跃欲试，想再来一次。王慧以为这只是孩子自己发明的一种游戏，并没有在意，反正书撕坏了还能再买，破坏了孩子的创造力，那就不好了。

不过有一次朋友来做客，看到孩子这样，就告诉王慧，孩子撕书是一种异常行为，需要及时喊停，更不能流露出欣赏的表情，这会让孩子得到鼓励，乐此不疲。

心理学家指出，攻击欲望是生命体的自然反应。孩子很小的时候就会流露出攻击欲望，不过很多父母忽略了这些现象。比如，孩子撕书的行为在能够拿起书本的时候就出现了。他们对自己很喜欢的书籍也会毫不留情地撕毁。虽然心理学家认为这可能也是孩子在锻炼自己的感官协同能力，但是这种锻炼显然有点失当。

个体之所以出现攻击欲望，和安全感的缺乏息息相关。很多父母在亲子教育中存在一个误区，以为孩子失去安全感，就会表现出恐惧，会躲藏起来，不和人交往。其实并不完全如此，当缺乏安全感的时候，儿童由于自控能力缺乏，反而更容易表现出攻击欲望。比如，现在校园暴力现象越来越多，也越来越呈现出低龄化的趋势，这就是孩子攻击欲望强烈的体现。这种现象也说明，孩子们的安全感存在很大问题。这固然和社会整体环境有关，但最主要的还是和父母关系、家庭教育有关。

现在的学生多为独生子女，人际关系处理能力本来就是他们的弱项，在离开熟悉的家庭进入陌生的学校后无助感和不安全感会更强烈。所以学校内总会有一些表现出暴力倾向的“校霸”，他们只要看同学不顺眼，就或打或骂。这些孩子的攻击欲望非常强烈，通常他们和父母的关系也都比较紧张。这些孩子的家庭环境都有一个共同点：气氛冷漠，缺少爱。有很多这样的孩子是来自单亲家庭，父爱和母爱都很缺少。也有一些是双亲家庭，不过父母给予他们的爱出了问题，并没有让孩子感到足够的安全和温暖。如果孩子从小因为缺乏安全感表现出来的攻击欲望，没有得到父母的及时纠正，他们就会成为问题孩子。

孩子的攻击欲望，除了表现在撕书这样的攻击行为，也表现在摔打玩具，在花园里摘花，打骂宠物，甚至打父母的脸。虽然这些行为因为孩子的能力弱小，不会带来太大的伤害，但是会“让人感受到他们的怒气和邪恶”。撕书是一个最好的例证，书被撕坏了，这是一种破坏。孩子面对自己的战果，感到了满意，这是典型的“获胜的感觉，在孩子的潜意识里苏醒”。

不过，做这些深层次的分析，或许只是学术上的需要，事实上，对父母而言，只要能够意识到这些攻击欲望和行为背后的秘密就行了。父母只要认识到孩子之所以出现攻击欲望和行为，和他们缺乏安全感有关就好了。同时父母也应该认识到不爱孩子，或者爱得不适当，都会诱发孩子出现这样的极端行为。

父母除了要了解这些行为背后的秘密，更重要的是要及时发现孩子的异常表现，及时调整。当孩子第一次流露出自己的攻击欲望时，比如撕书，父母谨记不要对孩子大声斥责，但也不能视而不见，而要严肃地告诉孩子，撕书的行为是不对的。并且为了加深孩子的印象，要采取弥补措施，例如父母可以说“你撕书，书会痛的”“我们一起来把书粘好，好不好”，然后可以用胶水，和孩子一起把书粘好。

父母也可以用冷淡、伤心、生气等表情来传达自己因为孩子的这个行为而感到很不高兴。父母不要以为孩子的攻击欲望和行为会随着年龄的增长而自然消失。如果父母不及时纠正孩子的这种攻击欲望的话，那么将会影响孩子的情感成长、人际关系发展等方面，导致他们更冷酷无情，缺乏必要的同情和怜悯之心。更为可怕的是，这种冷酷的心绪将影响他们的一生。所以父母要切记，如果孩子的破坏和攻击的欲望得不到疏导，他们长大后可能就是一个暴力分子，会成为酒鬼、瘾君子或者变态狂。

专家支招

孩子在成长的过程中，有时会玩、揉捏或者撕破纸张，甚至还会虐待自己的玩具和宠物。父母如果把孩子撕书的行为看成是孩子调皮的表现，那就错失了消除孩子攻击欲望的最好机会。孩子撕书可能是情绪的宣泄，也可能是模仿大人的动作，但其背后折射的是父母不能忽视的孩子的攻击欲望。如果父母纵容了孩子的“撕欲”，就有可能造成更坏的结果，比如他们会变得自私自利，会更加肆无忌惮地伤害他人。父母应该让孩子从小就明白，这种攻击欲望是不受欢迎的，是不对的。

吮吸大拇指:孩子有另类饥渴

妈妈和爸爸在客厅里看电视，在一旁玩的孩子，突然开始吮吸起拇指来。“不要吮吸手指，脏。”妈妈说，不过趁妈妈不注意，孩子一会儿又开始吮吸拇指了。爸爸说:“孩子吮吸拇指也没什么问题吧？我看詹姆斯这么大了，也还有啃指甲的习惯呢。”妈妈白了爸爸一眼，说:“指甲里细菌多，那样不卫生。”

孩子在家里吮吸拇指，妈妈有时候会装作没看见，但如果孩子在外面还吮吸拇指，妈妈就会生气:“手才碰了脏东西，现在又放在嘴里吸。”于是妈妈总是用湿纸巾给孩子擦手，防止细菌进入口内。

然而，关于孩子吮吸拇指这件事，父母看到的总是卫生问题，却没有看到其他的问题。

许多新生婴儿都喜欢吮吸奶嘴，而三四岁的儿童有时则会喜欢吮吸大拇指。父母看到孩子这样的行为，也总是把它简单地看成不成熟，还没有长大。弗洛伊德指出:这是儿童体验性快感的一种表现。这似乎有点让人难以接受，然而这是事实。儿童存在性饥渴，甚至从在妈妈肚子里开始就有这种表现，这是已经被很多心理研究证明了的，只是儿童这种性饥渴的表现形式与成年人完全不同。当父母看到自己的孩子吮吸手指，嘟起嘴唇吐唾沫，好像很开心的样子，应该明白，这是孩子的一种另类饥渴。

三四岁的孩子，通常都有了性意识。他们会发现自己与异性在身体构造上的区别，并形成原始的羞耻感。他们会刻意回避这些，并担心自己会变成对方，这是一种性别焦虑。同时，孩子会下意识地获取性快感，比如满足口欲（好几岁了还吸奶嘴或含母亲的乳头）、抚摸自己的性器官等。其实除了性饥渴，孩子还有其他多种另类饥渴。这些另类饥渴都会通过孩子的异常行为表现出来，虽然不像攻击性行为那么明显地体现出危害性，但如果不及时加以引导，这种另类饥渴也会发展成心理隐疾，影响孩子心理的健康发展。

美国心理学家哈特通过实验表明，动物与人都存在着另类饥渴的问题，在婴幼儿身上尤为突出。他们渴望得到大人的搂抱，即使长大了也喜欢扯着大人的衣襟或者靠着大人，这就是皮肤“饥饿”的表现。皮肤老是处于“饥饿”状态的孩子，往往性情抑郁、孤僻，爱咬嘴唇或啃指甲，有时甚至会有自伤行为。研究显示，消除皮肤“饥饿”的最好“食品”就是父母的亲吻、抚摸等。因此，父母在平时要多与孩子进行肌肤接触。

生活中多有这样的镜头，当孩子一听到母亲的声音或看见母亲时，就会哭喊着要求母亲抱。对此，美国一位儿童心理学家解释道:“拥抱在母婴之间建立起一种最具安抚功能的接触——胸对胸接触，孩子不适的心境会因此趋于平静，心理饥渴也得到了满足。”母亲的怀抱可以说是“心理维生素”，十分有助于孩子良好情绪与个性的形成。因此，平时母亲多抱抱孩子，是满足孩子心理饥渴的最佳精神食粮。

专家支招

很多孩子喜欢吮吸手指，不管在什么场合，都会不知不觉地吮吸，甚至入睡后孩子也会含着手指。孩子的这种习惯多数是从小养成的。但年岁偏大的孩子也会突然出现这种行为，这通常是出于心理饥渴。为了让孩子摆脱这样的习惯，最好的方法就是让孩子经常使用双手，比如一起拍手唱歌、跳舞、做游戏，让孩子摆脱吮吸手指的诱惑。

怕生不敢说话：孩子患有社交恐惧症

莉莉在妈妈的陪同下到心理门诊就诊，在诊室外候诊的她一直低着头不停地揉捏着衣服角。“医生，我的孩子很内向，总是不和别人说话。”莉莉的妈妈见到心理医生后焦急地跟他说明情况。这已经是莉莉第二次到心理门诊就诊了。一年多前她因为过度害羞，一说话就脸红，被父母怀疑有社交障碍，从而将她送到心理门诊问诊。这一次莉莉的状况更严重，她因过度害羞而辍学。

莉莉平时很少与人交流，甚至不敢看外人的眼睛，怕和外人接触，她的“害羞”症状越来越严重，甚至影响到正常的学习和生活。心理医生告诉莉莉的妈妈，莉莉患了典型的社交恐惧症，早期患病时因为没有引起父母的重视，导致病情加重，才出现了现在这样的情况。

社交恐惧症是一种对任何社交或公开场合都感到忧虑或强烈恐惧的精神疾病。导致社交恐惧症的原因有很多，而最主要的原因是患者对自我的认同感不强，在与人交往中，害怕和对方的目光接触，害怕和人交谈，甚至看到人多也会紧张。

患有社交恐惧症的孩子很少告诉父母，然而细心的父母就会发现蛛丝马迹，孩子害羞、脸红、怕生等现象就是患病的征兆。症状严重的孩子，在与人交往中会出现惶恐不安、出汗、心跳加快、手足无措等现象。这都是因为他们过于担心自己的内心世界，尤其是怕“丑陋、肮脏”的一面被他人了解。他们也不能接受自己在公众场合被人关注或谈论，不然会不由自主地出现不自然的表情、动作。

美国心理学家经过多年研究发现，许多成年人的拘谨可以追溯到他的儿童时代，与父母的教育方式有很大的关系，特别是父母对待他的一些不正确方式，往往造成了他以后的心理紧张。如果一个孩子的拘谨在儿时得不到解决，那么，他的不合群、不爱与他人交往的个性，将会一直延续到成人，甚至会妨碍他今后事业上的成功。

患有社交恐惧症的孩子，一般生活在父母感情不睦的家庭里，常受到父母的批评，在生活中表现得不自信。这类孩子大多数时间生活在焦虑之中，时间长了自然产生惧怕心理。他们长大后，可能会有程度不等的社交恐惧倾向，严重者会成为社交恐惧症患者。患有社交恐惧症的人无法建立稳定的人际关系，会变得日益内向、孤独，其人生观也会变得消极、悲观。

孩子患有社交恐惧症，除了孩子自身的性格因素外，父母负有不可推卸的责任。父母与孩子沟通不够，是孩子患上社交恐惧症的主要原因。一般亲子关系融洽的家庭，孩子都能游刃有余地融入所处的团队中。而亲子沟通出现问题的家庭，孩子一般都更倾向于沉默寡言，不爱置身于集体中，喜欢独处。

患有社交恐惧症，会给孩子带来很多不利的影响，比如，孩子会变得木然，失去天真活泼的天性；严重者会变得越来越自闭，成为重度自闭症患者，或引发抑郁症等心理疾病。

那么，父母如何做，才能防止孩子患上社交恐惧症呢？最简单的方法，就是尽可能多地带孩子出席社交场合，让他直面恐惧，适应恐惧，在恐惧中战胜恐惧。不过这样做的时候，父母一定不要给孩子太大的压力，要遵循循序渐进的原则，让孩子有一个适应的过程。如果贸然带孩子置身于一个陌生的场合，可能会让孩子的社交恐惧症更为严重。

父母应关心孩子，及早发现孩子是否有社交恐惧倾向；要给予孩子更多爱护、表扬和鼓励，让孩子有更大信心融入人群中。有时孩子害怕社交，是因为自己的知识领域过于狭窄，或对时事知道得太少，因无法加入别人的谈话而受到冷落，所以产生了逃避心理。

当孩子在交往中出现社交恐惧症时，父母要教给孩子有意识地使紧张心情得以缓解的方法。平时注意训练孩子口齿清楚地大声说话，用大胆而自信的眼光正视别人，引导孩子敢于表达自己的观点，放弃过于自负或者自卑的心理，为孩子建立自信打下基础。

专家支招

儿童社交恐惧症，是一种常见的儿童期情绪障碍，对儿童的身心健康有很大的负面影响。儿童由于缺乏社交经验和独立生存能力，在离开父母、独自面对陌生环境的时候，通常都会产生焦虑心理。随着和陌生人交往次数的增加以及出入更多的陌生环境，孩子的焦虑会逐渐淡化，恐惧感也就会自然降低。但如果孩子对社交长时间、反复出现持续的焦虑情绪和回避行为，就有患上社交恐惧症的嫌疑了。这个时候，父母一定要帮孩子做心理理疗。

奇怪的恋物癖：孩子找不到情感寄托

妮妮每天都抱着她的“兔宝宝”来幼儿园。所谓“兔宝宝”其实是一个小枕头，是妮妮的外婆为了让妮妮午睡专门缝制的。进入幼儿园后，妮妮几乎时时刻刻都拎着“兔宝宝”：哭的时候拎着，走路的时候拎着，吃饭的时候拎着，上厕所的时候拎着，做游戏的时候也拎着……睡觉的时候就更甭提了。有时候和小朋友玩的时候，妮妮也会忘记“兔宝宝”，把它丢在一边，但只要一想起“兔宝宝”来，她就到处寻找，找不到就放声大哭。

妈妈说，妮妮在家里也几乎只玩“兔宝宝”，当时他们还觉得这样挺好，后来才知道这是一种异常行为，会对孩子的心理健康产生重大影响。于是，他们不再一味让妮妮沉浸在“兔宝宝”中了。他们经常用其他玩具来分散妮妮的注意力。妮妮的外婆甚至做了好几个其他动物形状的卡通枕头。

在幼儿园里，几乎每个班都有患恋物癖的小朋友，什么样的物品都会被他们恋上，其中以枕头、玩偶和生活用品居多。很多时候孩子的恋物行为都是各种因素综合起作用的结果，不安全感是其中的一个主导因素。

恋物癖跟安全感的缺乏有一定关系。父母的疏远、父母对孩子感情的呼应不够、父母对孩子缺乏关爱等，都会引发孩子的恋物行为。父母应该多陪伴孩子，给予孩子更多的关爱，和孩子一起做他最喜欢的事情，比如捉迷藏、玩游戏、过家家、亲子阅读等，以便让孩子释放内心积压的负面感受，因为孩子患上恋物癖很大程度上源于对父爱和母爱不足的焦虑。

再严重的恋物癖，也会有个开端，如果父母在开始阶段就明察秋毫，及时干预，就有可能防止事态的进一步发展。恋物癖也可能源于孤独，特别是对那些已经有了真正的交往意识的孩子而言。孩子的交往意识如此强烈，现实中的交往环境和自己的交往能力却不尽如人意:幼儿园里有许多小朋友，但内向的孩子还不能敞开心胸与别人交往，自己熟悉的同龄亲戚，又不能时时在身边。孤独、失望之余，玩具就变成了孩子的精神寄托，孩子跟布娃娃说话，跟它一起做游戏、一起睡觉，享受着跟这个“小伙伴”交往的快乐。

孩子对某类物品的迷恋，也能折射出他的“长大情结”。在游戏中，那些被孩子依恋的事物，总是扮演了一个需要照顾的角色，而孩子则扮演了一个成人角色，站在大人的立场上说些大人话。被恋之物的存在，成了孩子“准大人”的演练对象。这虽然没有什么伤害性，但是也说明这类孩子是孤独的。孩子的“长大情结”也需要一个正面的引导。

在日常生活中，父母要特别警惕孩子是否患上恋物癖。一旦孩子出现异常行为，开始长期对一件物品爱不释手，与之形影不离时，父母就要给予足够的重视，切不可掉以轻心。当然也不必惊慌失措，因为这样的孩子只是缺乏一定的安全感，并不一定是病态的、消极的，随着年龄的增长这些异常行为会逐渐消失。

对有恋物倾向的孩子，父母要增加感情投入，除了用亲情沟通外，可以多准备几个“迁移载体”，转移和分散孩子的注意力。一般来说，小孩子的注意力和兴趣是不大稳定的，很容易转移。另外，父母需要谨记的是，对于孩子特别喜欢的东西，只要对其心理发展没有害处，一般不要用强制的方式禁止其依恋此物，因为那样会激发孩子的逆反心理，结果反而更加不妙。

专家支招

恋物癖是孩子缺乏关爱的表征，父母应该反思自己在什么地方做得不够好。而一旦发现孩子患上恋物癖，父母切记不要采取极端的处理方式，一定要在心理上断绝孩子对所恋之物的不正常依恋。

不敢尝试第一次：孩子极度缺乏自信

翡翠会说话了，会走路了，爸爸妈妈都像过节一样。可是，每当爸爸妈妈让翡翠做一些穿袜子、戴手套、戴帽子之类简单的事情时，翡翠却总是不愿意动手。爸爸妈妈觉得，翡翠是懒，不想自己动手，所以总是指望父母的帮忙。

等到翡翠更大一些，父母发现她特别胆小。比如学校组织活动，要求学生上台表演顶气球，翡翠就不敢去顶，怕把气球弄破。别的孩子玩得不亦乐乎，翡翠却待在一旁，融不进去。爸爸妈妈发现翡翠胆子小的最大原因是缺乏自信。可是为什么孩子缺乏自信，他们却不知道原因。

孩子第一次说话，第一次迈出脚步，这些可能是父母迫不及待要看到的。当孩子迟迟不会说话，迟迟不会走路，做父母的会很着急，会问其他父母，他们的孩子是不是会说话、会走路了，自己的孩子是不是不正常。

其实孩子说话和走路晚，并不能说明什么，除非是病变引起的，一般都不是严重的现象。倒是孩子在其他方面的尝试，第一次显得很重要。比如说，孩子第一次到朋友家做客、第一次到学校、第一次学骑自行车等。这些“第一次”直接指向的就是孩子的自信。

法国学者卢梭说过:“自信对于事业简直是一种奇迹，有了它，一个人的才干便可以取之不尽，用之不竭;一个没有自信的人，无论他有多大的才能，也抓不住一个机会。”在现实生活中，那些自信心强的人，更能抓住机遇，获得成功;而那些自信心不强的人，往往退却顺从，成为碌碌无为的平庸者。

对于父母而言，让孩子获得自信是亲子教育中的重点。自信是一种力量，是帮助孩子走向成功的拐杖。让孩子勇敢去尝试，就是递给孩子这根自信的拐杖，让孩子不断攀登成功的高峰。

不过，成功者毕竟百里挑一，自信也不是每个人都能拥有的素质。很多孩子不敢尝试第一次，不敢一个人去学校，不敢一个人去旅游，不敢一个人待在家里，不敢一个人照顾自己。孩子缺乏自信，父母也放心不下。不过，孩子之所以有这样的表现，父母可能是罪魁祸首。正是因为他们的过度关爱，让孩子丧失了尝试第一次的勇气，丧失了勇气带来的自信。

父母们总是抱怨孩子什么事情都不敢尝试，却不知道恰恰是因为他们对孩子的限制太多、提供的帮助太多所导致的。为了让孩子变得敢于尝试，父母必须先解开孩子被束缚的手脚，放手让孩子进行尝试。比如说，如果孩子想要打开易拉罐，父母不要立即给予帮助，可以先让孩子自己试试;如果孩子在新游戏面前束手束脚，不敢尝试，父母不要指责孩子，而要给他一些鼓励的话语，比如“妈妈相信你，你肯定能做到的”。在亲子教育中父母要鼓励孩子多动手、多尝试。

另外，有一些父母常因孩子年龄太小，就帮助孩子做所有的事情，这样一来，孩子不仅失去了一次次锻炼的机会，还会缺少责任感，以后凡事都依赖父母。久而久之，他们的自信心会一点一点地消失，甚至完全丧失。所以在生活中，父母应该主动地有意识地让孩子承担一些力所能及的家务。这样不仅能锻炼孩子的自立能力，还可使孩子从中获得自信。

专家支招

当孩子的自我意识形成后，就开始借助他人的评价来认识自己了。如果孩子常常从父母那里得到正面的赞许、表扬和肯定，那么孩子就会获得很强的自信心。相反，如果父母对孩子的评价总是否定的，他们便会缺乏自信。

因此，父母应该常常对孩子做出正面的评价，让孩子从积极方面认识自己并充分了解自己的能力，这也是提高孩子自信心的重要方法。在孩子进行第一次尝试时，父母不要将之与其他孩子相比较。看到孩子的某些不足时，父母也不要一口否定孩子的全部，而要耐心地帮助他克服缺点，并让他在具体实践中慢慢树立起自信心。

大声尖叫，情绪失控：孩子渴望被关注

在幼儿园工作的莉莲说，现在很多孩子不愿意离开父母，逃避上学，不愿意和同龄小朋友相处。他们觉得在幼儿园没意思，因为老师不表扬他们，也不批评他们。他们渴望受到关注，却得不到。在这样的情况下，这些孩子就会做出在常人看来难以理解的行为，轻则控制不住自己的情绪，尖声喊叫，重则会故意弄伤自己。

莉莲举了个例子，有个孩子总是很不小心，在玩游戏的时候，别的小朋友都不会伤到自己，但是他不一样。比如滑滑梯时，每次都会擦破自己手腕上的皮。老师们很担心，以为安全措施做得不够好。可是其他小朋友都没事，为什么单单这个小朋友会擦破皮呢？他们仔细查找原因，才发现，原来这个小朋友在滑滑梯的时候，每次都把手故意放在背后，这样自然很容易磨破皮肤了。

一旦发现孩子受伤，老师们都会很紧张，甚至都会惊动园长。大家忙作一团，给孩子消毒、包扎，但孩子每次都很镇静，也不哭闹，也不会对滑滑梯产生畏惧心理。莉莲说，孩子有时候会故意做一些事情，目的是想得到其他人的关注。

现在容易情绪失控的孩子越来越多。这和学校的压力大、亲子之间沟通不够、孩子自身的心理素质差都有关系。当孩子不快、失望和愤怒时，他们不愿意向他人合理表达自己的情绪，而总是积压在内心，不让他人知晓。久而久之，不良情绪得不到宣泄，容易造成情绪失控，严重的还会出现心理疾病。

对于孩子的情绪失控，如果处理得好，有利于孩子形成健康的心理和健全的人格；而处理得不好，则会留下心理阴影。哭泣能愈合创伤，大笑能缓解压力。孩子每一次情绪宣泄的背后，都有其隐秘的动机——他们是在释放内心累积的负面情绪，意在引起父母的关注。所以，当孩子情绪失控时，父母应该给予关注，不要让孩子觉得他被冷落、被忽视。

事实上，和成人不一样，孩子的心思和情绪往往藏不住，无论是快乐或者难过，都会淋漓尽致地表现出来。如果父母不给孩子宣泄自己真实情感的机会，孩子的情绪就会被压抑在心底，最后像火山一样喷发出来。所以，当孩子兴奋的时候，父母不要强行要求孩子安静；当孩子悲伤的时候，父母也不要觉得孩子太脆弱。如果父母压制了孩子的各种情绪表现，孩子表面上不哭不笑了，但真实情绪被压抑了。

父母应该接纳孩子各种情绪的流露，不能误解和压抑。当孩子出现不良情绪时，父母应该允许孩子表达自己的真实情绪，不要强行让孩子压抑自我，更不能用体罚或者变相体罚的方式，让孩子忍气吞声。心理学家发现，很多孩子之所以出现强迫行为、攻击行为、破坏行为，很多时候都是因为他们内心的紧张情绪得不到及时有效的宣泄。

在实际生活中，缺乏关注的儿童往往最容易积压情绪，容易情绪失控。这些孩子介于出色的孩子和顽皮的孩子之间，往往较文静，胆子小，没有太多表现自己的机会，难以得到成人的关注。这类孩子容易患多动症、厌学症、孤独症。事实上，大多数这类型的孩子都渴望得到更多的关注。

既然孩子渴望得到父母的关注，父母又该怎么给予孩子关注呢？父母对孩子的关注必须符合孩子的天性，围绕天性的关注才是恰如其分的，而违背了孩子天性的关注可能会适得其反。经常有父母看到孩子情绪失控，怀疑自己的孩子得了多动症。实际上，这是因为父母要求孩子在学习上和生活上表现优异，压抑了孩子的天性，孩子对于那些自然的情绪只能一再压抑，最终导致了孩子情绪失控的结果。

专家支招

关注孩子，听起来简单，做起来却很难。父母对孩子的关注，很容易有“七过”：过度溺爱，会使孩子目中无人；过度纵容，会使孩子缺少宽容；过度保护，会使孩子不够自信；过度替代，会使孩子丧失自立；过度强制，会使孩子消极被动；过度挑剔，会使孩子一无是处；过度加压，会使孩子精神崩溃。这些都在不断地提醒着父母——关注孩子，要从孩子的天性出发。

可笑的异食癖：孩子不安全感在增强

位于上海路的江苏省儿童医院手术室接到一个肠梗阻患者。患者是一位9岁的小女孩，小孩腹痛、腹胀、食欲不振，家长找不出原因，就把她送到医院治疗。

经验丰富的医生怀疑孩子是吃了不易消化的东西。这位面容枯黄、身形瘦弱的女孩被推入手术室。经过医生们的努力，一团毛发状物从女孩肠管里被取了出来，另外，医生还发现邻近的肠管上有穿孔现象。

为什么女孩的肠道里会有这么多毛发，而且这么长时间都没有被父母发觉呢？主治医生说，这个小女孩得的是一种病，叫“异食癖”，它通常指进食不能当作食物的东西。异食癖的孩子常会吃纸、破布、树叶、泥土、毛发等异物。由于吞食的异物不同，产生的后果也不一样，如吞食污物，可诱发肠道寄生虫病；吞食墙皮，会造成有害微量元素（如铅）中毒；吞食很难消化的东西，如头发、木屑等，还可能出现异物团块，形成肠梗阻。这些都会给孩子的健康带来巨大的隐患。

异食癖多发生于孩子2~6岁时，一般情况下，孩子只是咬玩具、啃指甲等，但极少进行异物吞食。当孩子开始吞食异物进而形成习惯后，就会形成异食癖。这个时候采取禁止措施，不让孩子吞食异物，孩子就会情绪低落、焦躁不安。

嗜异现象是一种心理异常行为，带有半强迫性质。目前越来越多的医生们认为，异食癖的发生与心理因素有极大的关系。当父母对孩子的照料稍有疏忽，或孩子所处的环境发生变动，孩子极度缺乏安全感时，就可能出现异食癖行为。也就是说，孩子之所以患上异食癖，很多时候是出于一种替代心理。孩子感到不安全、恐惧和孤独时，就会不由自主地进食一些奇怪的物品，久而久之就形成了习惯。其实在刚开始时，孩子可能因为缺乏照顾，偶尔拿取异物吃，但时间久了就变成了一种条件反射。

所以当发现孩子有嗜异现象时，父母要多给孩子关心，切忌简单粗暴地对待孩子的这一异常行为，更不要对孩子施以责罚，例如捆缚孩子的手足，让他断瘾。这样不但不能解除孩子的嗜异习惯，反而会使他转为暗中行动，偷偷吃不洁之物，那样后果可能会更严重。

一旦父母发现孩子有异食癖现象，应及时请医生检查，找出病因，对症治疗。最好能够在物理治疗的同时，配合心理疏导，帮助孩子克服恶习，恢复正常的饮食习惯。

日常生活中，父母要注意满足孩子身心健康所需的基本条件，如提供全面营养，教会孩子养成良好的饮食习惯，不挑食，不偏食。同时，给予孩子更多的关爱，每天要有足够的时间和孩子亲昵、玩耍，以满足他情感上及心理上的需求。

专家支招

异食癖是一种心理异常，由于异常吞咽行为，孩子将各种不可思议的东西吞到肠胃中，对身体产生伤害，严重的甚至会危及生命。因此，父母应该给予孩子身体上和心理上更多的关爱，平时多和孩子接触交流，防止孩子形成这一习惯，对身心造成伤害。

孩子躲避检查:不可忽视的阉割忧虑

根根今年4岁，长得虎头虎脑的，很是可爱。妈妈带他去医院检查生殖器，看是不是发育正常，能不能及早做包皮切除手术。没想到，医生刚想脱下根根的裤子进行检查，刚才还高高兴兴的根根，此时却表现激烈，不仅大喊大叫，还用两只小手紧紧地捂住自己的生殖器。尽管医生和颜悦色，妈妈也在一旁抚慰，甚至用巧克力来分散根根的注意力，但还是无济于事，根根还是不愿意让医生为自己做检查。最后，在根根妈妈半强迫半恳求的情况下，根根才允许医生触碰了自己。

对此，妈妈感到很困惑，她看过很多育儿方面的书，知道有些时候因为成人总是逗孩子们，比如拨弄他们的小鸡鸡，或者开玩笑说要割掉他们的小鸡鸡等，引发了孩子的恐惧心理。可是她和根根的父亲一直很注意这些，为什么根根还是会表现得很恐惧呢？难道孩子这种恐惧心理是先天性的？

弗洛伊德认为这种阉割忧虑起源于俄狄浦斯，当男孩子对母亲显示性的意愿时，来自父亲的阉割威胁令儿童感到万分焦虑，弗洛伊德将其称为“阉割焦虑”，也称“乱伦焦虑”。阉割焦虑源于父亲阉割的威胁，这是一种象征性的说法，其含义是社会对儿童性冲动或乱伦冲动的禁忌，父亲就是这种禁忌的代表。

一般而言，在生长发育早期，尤其是3~5岁时，小男孩都或多或少在心理上有一种担心和害怕，唯恐失去他们的生殖器，儿童心理学把这种心理称为“阉割忧虑”。

小男孩这种特殊的、与年龄有关的不健康心理，产生的原因有很多种，有些是男孩在与女孩相比之后产生的，而更多的是由于家庭教育不当、父母不负责任的玩笑或者威吓的言语所造成的。日常生活中，当孩子不听话时，有些父母常常用“不听话就把你的卵割掉”“再哭，老虎就会来咬掉你的卵”来恐吓孩子，甚至有的父母用“把卵割掉换电视机”来逗孩子。

殊不知，言者无心，听者有意，父母这类恐吓、玩笑的话语，虽然能暂时让孩子乖一点，安静片刻，但父母绝不会想到，就是这种看似没有伤害的言语，会造成孩子心理上强烈的震动，甚至会给孩子留下某种不健康的心理隐患，孩子潜在的阉割忧虑因此而生。

倘若孩子明显表现出阉割忧虑的心理障碍，父母千万不能掉以轻心，一笑了之，而应该给孩子进行适当的心理疏导。一定要打消孩子的阉割忧虑，用简单浅显的道理进行疏导，告诉他小鸡鸡是男孩子的标志，是天生的，并不会消失。慢慢地，随着时间的推移，孩子的忧虑和不安就会逐渐消失。

专家支招

孩子害怕被阉割掉自己的生殖器，想来颇让人发笑。不过，父母切不可对此掉以轻心，来自成人的不当行为（诸如认为孩子还不能理解性，对孩子开玩笑，把玩孩子的生殖器等）会让孩子的这种阉割忧虑加重，甚至影响其成人后的社交。

孩子害怕被阉割掉自己的生殖器，这是一种先天的恐惧。父母不仅不能利用孩子的这种心理来取笑孩子，更应该保护孩子使其不受其他成人的戏弄，给孩子创造一个简单干净的生活空间。

过多的异常行为：孩子缺乏关爱

宁浩在和小朋友一起玩游戏的时候，经常会发出怪异的笑声。每次妈妈都跑过去跟他说，要好好地和小朋友玩，不要这么没礼貌！

于是宁浩不再怪笑了。可他又没事就到厨房，一会儿摸摸瓶子，一会儿打开一包方便面。妈妈生气了，告诉宁浩不能怠慢了其他小朋友。可是不管妈妈怎么劝，宁浩总会让妈妈觉得头疼、烦躁。

一开始妈妈以为是自己不够有耐心，没好好教导宁浩。可后来经过网上查询和向医生咨询，她才知道宁浩的这种异常行为其实是想引起妈妈的注意。

在孩子看来，他的异常行为或令人不悦的行为是值得的，因为这样可以得到更多的关注。至于选择做出哪些异常行为则没有太大的差别。每个小孩都有其个人特质，每位爸爸妈妈也都有其特别脆弱的一面。孩子常常能清楚地感受到，哪一种行为最能让妈妈或爸爸感到不安。父母越是焦虑不安，孩子就越“占上风”。

造成宁浩行为异常的原因就是妈妈平时很忙，对宁浩的关爱不够。关爱孩子，不仅仅是让孩子吃好、睡好、玩好，更重要的是，多与他沟通，了解他内心的想法，及时抚慰他的不良情绪。

后来，妈妈经常跟宁浩聊天，倾听他说话，宁浩便不再像以前那样总是做出怪异的行为来引起妈妈的注意了。

因此，小朋友们更乐意来宁浩家玩了。

有些孩子在游戏中表现得很强势，每次游戏自己都必须是胜利者，如果输了就瞎胡闹。孩子这样做其实是在“追求权力”。在“追求权力”时，在与别人较量时，甚至是跟大人较量时，他常常是胜利者，这会让他觉得自己很强。但这跟真正的自信无关。这样的孩子没有内心自我调节的能力，他觉得自己不被接受，所以必须不断证明给自己和其他人看，必须每天想出新花样来争取他人的注意。

每个孩子都有缺点，都会在生活中表现出或多或少的异常行为。但是，由于日常生活的重复性和单调性，父母很难注意到孩子的这些异常行为，有时甚至把它当作孩子的“天性”而轻易忽略。然而，在角色扮演游戏中，只要父母有心，就会很容易发现孩子的异常行为。因为游戏有一定的规则，在固定的游戏规则里，孩子的异常行为很容易暴露。父母应该及时发现这些信号并认真对待，想办法帮助孩子去矫正，以促进孩子的健康成长。

对于父母而言，发现孩子的异常行为，应该从冲突中退出来，不要与孩子继续争斗或向他投降，也不要生气。可能的话，让孩子经历一下不良行为或异常行为所造成的后果。父母应该避免和孩子发生正面冲突，可以在事后询求孩子的意见和建议，使自己成为孩子的好玩伴，那么孩子就没有人可以作对了。

要想在游戏中发现孩子的异常行为，父母最好的办法就是积极参与孩子的游戏，与孩子形成互动，在实践中观察和指点孩子。孩子在角色扮演时，有时会对自己的角色不够满意，比如在“警察和小偷”游戏中，孩子大多喜欢扮演“警察”，倘若孩子被安排扮演“小偷”，心里就会有落差。而恰恰是这个时候，孩子在扮演自己不喜欢甚至憎恨的角色时，更容易暴露出日常生活中不易被人察觉的异常行为。

有一个孩子，在每次的角色扮演中，居然都喜欢扮演“小偷”“强盗”“妖怪”之类的角色，这让孩子的父母很疑惑。要知道，这个孩子才4岁。父母后来咨询了心理分析师才知道，这都是孩子平时跟大人看多了枪战片和武打片的缘故。这些影片对孩子的影响很大，且很有可能增强孩子的暴力倾向。

此外，父母应该有计划地带孩子去旅游。陌生和放松的环境不仅有助于孩子结交陌生的小朋友，也有助于父母在他的“第一次”中发现其异常行为。家庭的圈子毕竟不够大，不足以让孩子展露更多的面貌，而在学校里，父母也没有条件去跟踪发现。

同时，父母在参与孩子的游戏时，为了更清晰地发现孩子的特性，可以适当地做一些有针对性的训练，比如在游戏中故意制造麻烦，看孩子如何去应对等。父母也可以在游戏中和孩子互换角色，以身作则，若发现孩子在游戏中的异常行为，及时做出正确的引导。

专家支招

作为父母，我们要能够及时地发现孩子的异常行为，正确解读孩子的心理符号，然后各个击破，把孩子带入正确的轨道。有些父母觉得孩子非常聪明、智力非凡，因此在孩子的一些小毛病上采取忍让的办法，以为这样就可以让孩子顺心，以便让他更好地发展自己。其实不然，即便孩子的智力超常，若他做事情的时候情绪混乱，肯定是有事情在他身上发生了，或者他遇到了什么困难。如果父母不及时帮助孩子去解决，时间越长，问题越大，越难以解决。以后走上社会，这些在他身上表现出来的就会是“顽症”，将会影响他的一生。

第五章 孩子不爱学习怎么办
——心理学教父母因势利导

很多父母为孩子的学习头疼:孩子没有正确的学习方法，学习成绩上不去，精力不集中，甚至出现厌学情绪。不过心理学家指出，没有哪个孩子是天生就不爱学习的，父母只要注意方式方法，顺应孩子的心理规律，上述难题就能迎刃而解。

椰壳效应：帮孩子克服厌学心理

8岁的女儿最近这段时间不爱学习，不是回到家就忘了做作业这回事，就是作业写到一半，就想看动画片、玩游戏，心思全然不在学习上。孩子的爸爸看见了，又是着急又是担忧，责备的话脱口而出："你怎么回事？说过多少遍了，做完作业再玩，你怎么就是不听？"面对爸爸的责备，女儿总是不耐烦地扭动身子。怎样才能让女儿听进父母善意的提醒呢？妈妈陷入思考。

女儿之所以排斥爸爸的提醒，那是因为女儿在爸爸的话语中感受到的不是爱意，而是责备。爸爸在责备她不听话、不长记性、不爱学习、不爱做作业。虽然她迫于爸爸的威严不敢反抗，但还是通过身体的扭动来表现内心的排斥和不耐烦。相对于直接的斥责，也许和风细雨地劝说更有效。为此，妈妈决定换一种方式，让孩子爱上学习。当女儿再次企图逃避做作业时，妈妈对她说："今天晚上我给你讲你爱听的白雪公主的故事，这个故事很长，可能要花很长的时间，所以你最好把作业做好，免得还要留一段故事到明天才能讲。"也许是女儿感受到了妈妈的关心，这一次，女儿的家庭作业做得又快又好。

许多父母为了帮助孩子克服厌学心理，使尽浑身解数，然而往往没有收效。这是因为父母们往往喜欢以居高临下的姿态命令或训导孩子，该这么做，不该那么做，总是无视孩子自己的真实感受，也不能利用孩子感兴趣的方式来激发孩子学习的动力。长此以往，父母苦口婆心的说教非但不会提高孩子学习的积极性，反而会造成孩子的厌学情绪。

一个孩子很不喜欢吃饭，家长为此伤透了脑筋。一次，孩子的父亲带回了一个新颖、别致的椰壳。孩子看到椰壳后爱不释手，父亲就把椰壳锯成两半，给孩子当吃饭的碗。结果，孩子爱上了吃饭，不喜欢吃饭的问题迎刃而解。这一现象被称为"椰壳效应"。椰壳效应说的是只要父母找到正确的方法，孩子的厌烦心理就能迎刃而解。同样是吃饭，用孩子喜欢的椰壳当碗，他就能吃得兴高采烈，而用普通的饭碗，孩子就不爱吃饭。它妙就妙在变"要孩子吃饭"为"孩子要吃饭"。

其实学习与吃饭是一个道理。如果父母在要求孩子学习时，了解孩子喜欢以什么样的方式自主学习，并且给孩子以相对自由的选择空间，何愁孩子不喜欢学习？每个父母都要学会做有心人，利用自己的智慧制造这样的椰壳效应，让孩子彻底摆脱厌学心理，爱上学习。比方说，同样是作业，让孩子以自己喜欢的方式去完成，孩子就能保质保量地完成，并不需要父母的督促和反复提醒。

这就是椰壳效应给孩子的学习带来的帮助，不仅如此，椰壳效应还能在塑造孩子良好的学习习惯方面起到很好的作用。如果孩子写作业时，姿势不对，眼睛总是离作业本太近，父母看见了，因为着急、担忧，就马上埋怨道："你这是怎么回事？说过多少遍了，写字时眼睛离书本要有一尺的距离，你怎么就是不听？"在这样的责备声中，孩子显然感受不到父母的爱，孩子能感受到的仅仅是父母在责备自己不听话，让父母失望。如果父母懂得换一种方式，轻轻说：“孩子，我们希望你永远有一双清澈的眼睛！”或者一句简单的提醒：“孩子，注意眼睛！”这时孩子接受到的信息是，爸爸妈妈在关心自己，为自己的眼睛担心，孩子在感到温暖之余，会更注意纠正自己不良的写字姿势。

在学校，很多老师也经常会利用寓教于乐的方式来激发孩子的学习兴趣。比如化枯燥的历史课堂教学为去博物馆参观，化机械的死记硬背为孩子之间的背诵竞赛，寓教于乐，孩子的兴趣马上就会被激发起来，学习效果也会更佳。

专家支招

孩子好的学习习惯的养成，需要父母不断地矫正和反复地强化。在这一过程中，父母应该保持耐心，细心捕捉生活中的“椰壳”，选择恰当的时机将之做成“碗”，以便让孩子更容易接受，寓学于乐。父母带给孩子的应该是更阳光的自我、更自主的成长。

兴趣心理：让孩子喜欢上学习

宁宁从小就对飞机模型感兴趣，父母和亲友都支持他的这个爱好，并送给他各种新奇的飞机模型。他的小房间里摆满了各种飞机的模型，从战斗机到轰炸机，有好几十架。可是上了三年级之后，学习的压力使他忙得抬不起头来，已经很少有时间摆弄他的飞机模型了。三年级期末考试时，他的英语竟然没有及格。

宁宁之所以英语成绩不好，就是因为他不喜欢英语，觉得英语没用。相反，宁宁的数学成绩很好，因为飞机模型体现了很多这方面的知识，他很有兴趣。妈妈也想让宁宁喜欢上英语学习，就问他："你有很多飞机模型，那我问你，飞机最主要的硬件和软件是什么？"这难不倒宁宁，他脱口而出："发动机和航空动力学。"妈妈继续问："那中国这方面的技术和理论怎么样？"宁宁道："发动机肯定是德国的最好，而美国的航空动力学更厉害，他们都去火星了。"妈妈因势利导，说道："既然这样，如果你的英语不好，你怎么学习别人的长处？"宁宁听了低下了头，妈妈为他学习英语提供了兴趣点和动力。

在孩子学习的过程中，父母往往忽视甚至抹杀孩子的兴趣和爱好，让孩子一心扑在教科书上。许多孩子不仅要完成老师布置的作业，还要去上父母给他们报的各种各样的“兴趣班”。表面上，父母是在积极培养孩子的兴趣。殊不知，这些“兴趣班”正是抹杀孩子兴趣的罪魁祸首。因为这些所谓的“兴趣班”总是强行安排任务，使孩子没有学习的动力。只有基于孩子真正的兴趣点，孩子才会乐此不疲地喜欢上学习，学习才会有立竿见影的效果。父母应该懂得怎样利用孩子的兴趣和好奇心理，让孩子喜欢上学习。父母要致力于在孩子的脑海中播种下“学习就像是在玩游戏”的观念，只有这样，孩子才能保持学习的兴趣，从而取得良好的学习效果。

孩子之所以不爱学习，是因为学习很乏味，他们从学习中感受不到任何乐趣。如何让枯燥无趣的学习变得趣味十足，就需要父母开动脑筋，费一番心思了。比如，为孩子的学习创设情境，设计游戏，并且加以积极引导。越是年龄小的孩子，越是乐于接受学习的游戏化。比如角色互换游戏，让孩子当小老师，父母当学生，让孩子出考题考父母——这个游戏等于是让孩子把所学的知识重新温习了一遍；有趣的竞争游戏，如成语接龙、续编故事、造句比赛，利用孩子的好胜心强化孩子的学习兴趣；情景小游戏，父母让孩子和自己一起到市场去买菜，认斤两，学计算；家庭采访，让孩子模仿记者对父母进行采访，锻炼孩子的语言表达能力，等等。此外，父母应该在节假日里，多带孩子游山玩水，多让孩子参加一些社会实践，这样才能让孩子开阔视野、增长见识，并且能让孩子积累更多的感性经验。孩子只有兴趣广泛，才能学得更多，获得更多，才能知识渊博。

爱玩是孩子的天性，很多玩乐方式都能激发孩子对某些事物的兴趣。同时，孩子因为年龄偏小，对感兴趣的事情，一开始往往只凭好奇和热情。因此，父母要引导孩子在做其感兴趣的事情时积极地探索和思考，从而获得科学知识，并设法使孩子对其长久地保持兴趣。孩子们对于他们好奇和感兴趣的事，往往不吃饭、不睡觉也要去干，即使遇到难题和麻烦，他们也会自己想办法解决，而不用大人帮忙。所以，父母要学会充分利用孩子的兴趣，使孩子由衷地喜欢上学习，而不仅仅是把学习当成任务。一旦孩子有了学习的兴趣，父母就无须为孩子的学习操心了。

专家支招

兴趣是最好的老师。父母和孩子朝夕相处，对孩子的性格特点、兴趣爱好更为了解，更容易为孩子设置适合的情景，让孩子爱上学习，不再视学习为畏途。从孩子的兴趣爱好入手加以引导，孩子才能够由衷地喜欢上学习。

成就动机：让孩子主动去学习

王雪的女儿现在上四年级，令王雪担心的是孩子不爱学习英语。虽然其他各门功课都不错，可王雪和孩子的爸爸都觉得，在当今社会，英语水平对孩子的发展很重要。虽然说女孩子学习语言的天分普遍都很高，可女儿对英语单词、语法都不重视，英语成绩自然就很一般。

正巧王雪所在的大学要派王雪去美国进修半年。为了能够适应美国的生活环境，王雪必须突击一下英语。王雪想，如果让女儿和自己一起学英语，可能会给女儿提供学习英语的动力。于是王雪要求女儿帮助自己学习英语，帮助自己能够很快地恢复英语交际能力，遇到一些常用的单词、短语以及对话，王雪都让女儿做小助手和小老师。

女儿对帮助妈妈学英语这项特殊使命非常感兴趣，她和妈妈一起寻找记忆英语单词的方法，和妈妈进行简单的情景对话。王雪的英语水平迅速恢复，女儿在这其中功不可没。这种动力和自豪感，让孩子终于不再排斥英语学习。在这过程中，由于和妈妈一起看英语纪录片和电影等，孩子的英语能力和兴趣也大大提高。

成人需要成就感和满足感，孩子也需要时常得到肯定和表扬。家长如果能够很好地了解孩子更需要成就感，就能够充分激发孩子的学习动力，让孩子不断进步，不断突破自己。很多父母会认为，孩子那么小，哪有什么成就动机。其实，一个人的成就动机从幼儿时期就已经开始萌芽了。

很多孩子厌学，都是因为在学习中体验不到成就感。在学习生涯中，孩子如果经常受到家长和老师的批评、指责，得到的表扬和鼓励很少的话，其学习信心就会被挫伤。而一旦让孩子体验到成功，让孩子的内心得到满足，就能够让孩子有继续学习的动力。因此，父母应该学会鼓励、赞扬孩子，让他们经常体验成功的喜悦。然而，许多父母认为孩子只有在班级里名列前茅才算得上成功。这种看法只会打击孩子学习的积极性和自信心。其实，有时孩子一个小小的进步，或通过自己的努力解决了学习中的困难，都会让他产生一种成就感。在这种情况下，父母要适时地表示赞扬和鼓励。因为作为孩子，无论他完成了一件什么事，都渴望得到认可，渴望得到鼓励、表扬和夸奖。事实证明，成就感不仅会促使孩子不断进取，而且还会让孩子变得更自信。

利用家庭小聚会，让孩子表演自己的拿手好戏，也能培养孩子的成就感。杨浩的妈妈很重视培养杨浩的成就感。只要家里来了客人，妈妈就会让杨浩给客人背古诗。杨浩的背诵声情并茂，得到了客人的表扬。这给杨浩带来了成功的喜悦。逐渐地，她就爱上了古诗词。国庆节到了，学校组织文艺表演，老师认为杨浩平时朗诵有感情，就让杨浩来当报幕员。杨浩拿着节目单，一连几天请妈妈教她吐字发音。经过一遍一遍的练习，在晚会上，她这个小小的报幕员，工作很出色，受到了所有人的赞赏。

许多孩子没有成就感，是因为父母的期望过高，孩子无法达到。如果是这种情况，家长就应该适当地降低要求，给孩子松绑，帮助他们树立起学习的信心。由于每个孩子的智力、接受能力都有所不同，父母应该全面了解自己的孩子，根据孩子的具体情况为他们制订一些容易达到的小目标。这样，孩子觉得能够做到，因而就有信心、有动力去做，就会获得成功。当他体验到成功的乐趣时，他就会有兴趣、有信心去实现下一个目标。随着一个个小目标的实现，孩子就会不断地取得进步，取得大的成功。

成就感对孩子十分重要。孩子从小就有成就感，长大后就能以高标准来要求自己，做事力求成功，也更容易获得成功。所以家长应该在孩子四五岁的时候，就开始培养他们的成就感，这对他们将来的发展十分重要。实际上，这时的孩子特别喜欢被大人表扬和称赞，所以家长要充分利用孩子的这一心理，培养孩子的自信心，使他们感受到成功的喜悦和欢乐。

专家支招

孩子的成就动机，主要表现在喜欢全力以赴地做好力所能及的事情上，如古诗背诵、唱歌跳舞、游戏等。成就动机可促使孩子积极努力、克服困难、力求上进。父母通过鼓励孩子的各种兴趣，帮助孩子获得成功，使孩子体验到成功的快乐。父母应该善于培养和激发孩子的成就感，让孩子主动学习。

感官协同效应：提高孩子的学习效率

三角形运算题让很多小学生都颇为头疼，可小华却是个例外。不管碰到多么难的三角形题目，小华只要稍加思考，就能写出条理清晰的解题过程。因此，在同学中，小华的数学成绩一直名列前茅。小华之所以数学成绩特别好，并不是有什么特殊武器，而是因为他运用了感官协同效应来学习数学。

上小学的时候，由于学生对多位数除法的运算很难理解，于是数学老师就让大家用小棒分一分，边看，边想，边说，很多学生很快就掌握了多位数的运算法则。这件事给小华的触动很大，他也因此发现好方法才是提高成绩的最好途径。特别是三年级后，三角形、平行四边形、梯形等多边形的运算特别需要空间想象力，为了锻炼自己的空间想象力，小华尝试动手操作，用纸做成各种几何图形，如三角形、平行四边形、梯形，然后自我描述，在脑中想象着各种情景，例如相交啦、分割线啦。很快，小华便培养出了自己的空间想象力，学习起几何来，也就事半功倍了。

如果想让孩子的学习事半功倍，父母就要指导他们在学习时，尽量让眼、口、鼻、手等多种感官一起参与。多种感官一起参与学习的方法就是利用了感官协同效应。

所谓感官协同效应就是指人们在收集信息的时候，参与的感官越多，所得到的信息就越丰富，所掌握的知识也就越扎实。换言之，多种感官一齐上阵，就能够提高感知的效果。美国心理学家格斯塔曾经做过一个实验。他把智商差不多的10个孩子分为两组，分别关在两个屋里：第一个屋里只有5本《圣经》和5张椅子；第二个屋里，除了5本《圣经》和5张椅子外，还有几本宗教类画集，并且播放宗教音乐。然后，格斯塔要求两个屋里的孩子都背诵《圣经》，结果发现第二个屋里的孩子要比第一个屋里的孩子背得多。这是什么原因呢？从心理学角度来说，这是因为感官协同效应起了作用。研究表明，光用听觉去获取知识，只能够记住15%；而光用视觉去获取知识，只能够记住25%；如果听觉和视觉相结合，就能记住知识的65%。

我国宋代大学者朱熹，曾经提出过一种读书法："读书有三到，谓心到、眼到、口到。心不在此，则眼不看仔细，心眼既不专一，却只漫浪诵读，决不能记，记亦不能久也。"这个"三到法"，后来被读书人广泛应用，而且非常有效。这其实就是中国版的感官协同效应。耳朵听着，眼睛看着，要比单纯用眼睛看或用耳朵听学得更快。现在许多学校都采用多媒体视听教学，也是在利用感官协同效应，把视觉、听觉、触觉甚至嗅觉结合在一起，让学生获得更好的学习效果。

有许多孩子都有这样的感受：上课时感觉老师所讲的内容都能记住，可是等到做作业时却发现，那些老师在上课时反复强调的公式、定理等，自己记得并不牢固，也不能很好地运用。其实，这是孩子没有掌握有效的听课方法的缘故，表面上看都记住了，实际上却记得不准确、不牢固。

那么，怎样才能将老师所讲的内容记得既准确又牢固呢？

四年级的陈爽是班里的一名尖子生。由于她家住得远，她每天往返学校都要坐公交车，比其他同学多花一个多小时，一般的同学都会感觉疲惫，从而影响到学习效率，可她的成绩却优于许多家在学校附近的同学。很多同学都向她请教学习秘诀。陈爽说："许多同学都喜欢做习题，以为在课余时间题做得越多越好，成绩就越能提高。我认为学习的关键是理解，学习的重点时间是课堂45分钟。只要上好每一节课，把老师所讲的内容都彻底理解了、吸收了，就能够学好功课。每节课的45分钟，我的注意力都非常集中，听课时力求做到'五到'，即耳到、眼到、口到、心到、手到。"

"耳到"就是注意听老师讲解，听同学提问和讨论；"眼到"就是认真读教材和一些参考资料，还有看老师的板书，以及老师的表情和手势；"口到"就是复述老师讲课的重点，背诵概念、定理和公式，大声朗诵老师指定的重点段落，大声回答老师的提问；"手到"就是抄写老师的板书内容，在课本上画出老师所讲的重点，有什么疑问和感想都及时地在课本上写出来；"心到"就是在课堂上积极思考，跟着老师的思路转，有时发散思考，有时集中思考。

这"五到"学习法让多种感觉器官参与到学习中，使得大脑处理信息的能力有所加强，也让孩子的记忆更加深刻。各个科目的学习，都可以用"五到"法。总之，父母要让孩子明白，在学习时让耳朵、眼睛、嘴巴、手、心等多种感官配合起来，会产生很好的学习效果。

专家支招

感官协同效应在孩子的学习中可以被广泛使用。例如在学习英语的时候，既看，又听，还说，这样把视、听、说三者结合起来，就可以学得更快。在学习一些比较复杂的知识时，可以把学到的知识先复述一遍，看自己能否听懂自己所说的。在复述的过程中，可以理清自己的思路，加深对知识的理解。古语有云:读诗百遍，不如抄诗百遍。抄书，可以加强记忆。古代大文豪苏东坡就有抄书的习惯。他的记忆力在历史上赫赫有名，也跟他的这个习惯有关。又如学化学和物理时，通过实验，辨识声、色、味，使听觉信号、视觉信号、嗅觉信号等一同涌入大脑皮层，建立起有机的内在联系，这样学习的效果会更好。

7±2 法则：给孩子的学习任务要适量

很多家长都会遇到这样的苦恼，孩子的即时记忆能力差，例如交代给他一件事情，他往往会记得不全面，丢三落四。做事的时候也是这样，开始还条理清楚，越到后面就越乱，不但前后左右都搞不清楚，还经常张冠李戴。

但是李晶的妈妈注意到一个奇怪的现象，例如背五首短诗和背一段差不多字数的文字，李晶很快就能记住诗词，却记不住同等长度的课文段落。李晶在学习中经常遇到类似的情况。例如公式太多，他就会糊涂；一段话太长，他也很难顺利地背下来。所以，李晶二、三年级时的学习成绩很好，但到了四、五年级，由于课程变得相对复杂，需要记忆的内容也更多、更容易混淆，李晶便觉得学习吃力，学习成绩也随之变差了。如果有一种方法能够让孩子学习起来不吃力，他的学习效果肯定会更好。只是，李晶的妈妈不是心理学家，她暂时还找不到这个方法。

给你一串随机数字，然后按照你所记忆的顺序，尽可能多地默写出来。一般人能回忆出 7 个数字，至少能回忆出 5 个，最多能回忆出 9 个，即 7±2 个。这个有趣的现象就是神奇的 7±2 法则。

7±2法则最早是在19世纪中叶由爱尔兰的一位哲学家观察到的。他注意到，如果将许多颗子弹散在地板上，人们很难一下子观察到超过7颗的子弹。1887年，心理学家雅各布斯通过实验发现，对于无序的数字，人们能够回忆出的数量约为7个。发现遗忘曲线的艾宾浩斯也发现，人在一眼之后，可记住约7个字母。不久，著名心理学家米勒发表了一篇论文，即《神奇的数字7±2:我们信息加工能力的某些局限》。米勒认为，大脑在短期的记忆中很难一次接纳7个以上的“信息块”。

戴国华总是抱怨自己的背诵能力很差，一篇文章往往会越背越乱，不但前后搞不清楚，而且还会把风马牛不相及的两篇文章背到一起去，简直是一团糟。

戴国华把这个苦恼告诉了妈妈，妈妈每天下班回到家的第一件事就是辅导戴国华背诵课文。妈妈把一篇文章按照段落分成了几部分，然后让戴国华一部分一部分地分开背，背熟之后再把它们连起来背。按照这个方法，戴国华很快就把这篇文章记熟了。在妈妈的帮助下，戴国华用同样的方法背完了语文老师布置的其他要背诵的课文。戴国华妈妈所运用的方法就是7±2法则。神奇的7±2法则最直接的启示就是:人的短时记忆容量是有限的，千万不要幻想“一口吃成胖子”。

7±2法则不仅打开了认识记忆的窗户，清楚地揭示了短时记忆的规律，还给父母指出了帮孩子提高记忆力的好办法:将记忆的信息块控制在7±2的范围内。在给孩子布置学习任务的时候，给予他的任务要适量，这样孩子学习起来才会轻松，才能达到显著的效果。

很多父母为了让自己的孩子更优秀，帮孩子报了多种学习班、强化班和兴趣小组。孩子不仅要在学校上课，还要在晚上、周末和假期上无穷无尽的辅导班。这样的疲劳轰炸，让孩子焦头烂额，不仅达不到效果，反而让孩子的学习成绩更糟糕。

这是因为，孩子的注意力和精力有限，不可能同时关注太多的学习任务，这从学校的课程安排就能得知。小学只有数学、语文、英语三门主课，其他的都是副课，算是兴趣课。如果非要孩子学习更多，超出了这个范围，孩子的学习兴趣、能力和效果就会打折扣，因为这样根本不符合孩子学习的心理规律。

现在中国教育一直在喊“为孩子减负”。“为孩子减负”应该先从家庭做起，父母不能再给孩子增加学校教育以外的负担和压力。让孩子没有足够的时间休息与娱乐，将时间全部花在学习上，这种疲劳战术的学习效果未必会有多好。学习之道，一张一弛。父母给孩子的学习任务要适量，这样才有利于孩子的学习。

专家支招

背诵课文是一道难题。聪明的父母会利用 7±2 法则，将稍长的课文进行分解，分割成适合短时记忆的几部分让孩子背诵，这样孩子就可以轻松记住一篇很长的课文了。其他科目的学习也可以运用这个法则，达到良好的学习效果。

高原现象：有效应对孩子学习成绩止步不前

李小峰现在很苦恼，升上四年级后，他突然变得不会学习了，每天总觉得脑子里一片混乱，像缺氧一样。他想做点儿什么来转移注意力，却老是静不下心来，连上课也不能专心听讲。虽然李小峰反复告诫自己“一定要集中注意力”，可是完全不见效，就好像自己的脑子被别人控制了一样。结果，李小峰在期末考试时，成绩退步了很多。

很多孩子在学习过程中经常会遇到这样一个阶段，即努力学习到一定程度后，成绩出现停滞不前甚至倒退的现象。这就是学习中常见的“高原现象”。

如果以时间为X轴，学习效果为Y轴，将学习者学习所花的时间和取得的效果连成一条线，我们能看到：第一，学习者所花时间、精力与学习效果有关系，而且基本呈正相关关系，即花的时间和精力越多，学习效果就越好；第二，学习者开始学习时，进步快，收效大，曲线斜率也较大，但紧接着会有一段明显的、长短不定的、接近水平的波浪线，这之后，曲线斜率又会增大。这条学习曲线类似于高原形状，因此这种阶段性的学习瓶颈现象被形象地称为学习的“高原现象”。曲线中呈相对水平状态的那段波浪线，表示学习到了“高原时期”。

心理学家指出，孩子在接触新知识时，常常会经历几个不同的阶段。开始的时候，孩子学习起来会比较吃力，成绩提高也不明显。随着孩子初步掌握了学习方法，并且兴趣日增，学习成绩提高得很快。等到学习进一步深入，就会发生“高原现象”，不管孩子再怎么努力，成绩不仅不能提高，反而可能会出现退步现象。

出现“高原现象”的时候，不仅孩子着急，父母也跟着着急，有时甚至会表现出对孩子的失望，恨铁不成钢。父母常常怀疑原因出在孩子身上，是孩子学习分心，不够专注，效率不高。

做父母的哪一个不是望子成龙呢？孩子能够取得让自己满意的成绩，他们就高兴，觉得很有面子；当孩子不能达到自己的期望时，他们就失望，觉得没有面子。这种时候父母总是想当然地把所有问题归因于孩子，而忽略和看不到客观原因。

事实上，孩子在学习上出现“高原现象”是很正常的，是符合学习规律的。贸然将原因归咎于孩子自身，不仅于事无补，反而会打击孩子的积极性，让孩子产生放弃的念头。父母要做的是帮助孩子了解出现“高原现象”的原因，对症下药，找到战胜“高原现象”的方法。

出现“高原现象”，有的和孩子的学习方法有关，比如孩子靠死记硬背提高了成绩，但难以为继，这个时候父母要帮助孩子找到更好的学习方法；有的是在学习新知识的过程中孩子突然变得没有把握，这是正常反应，这个时候静待“高原现象”过去就可以，千万别因此影响到孩子的自信心；有的是因为孩子自身精力出现了问题，导致学习吃力，此时父母应该为孩子制订合理的作息时间表。

专家支招

当孩子在学习上遇到“高原现象”时，父母不应该表现出急躁或失望的情绪，而是要鼓励孩子放松和休息。有的时候，一味去解决问题，反而会深陷困境。把问题放一放，松弛下来之后再去解决问题，反而有可能收到奇效。

倒U型假说：给孩子适当的压力

峰峰今年10岁，是大家公认的好孩子。除了学习文化课外，峰峰的父母在课余时间给他报了各种补习班，比如钢琴、书法之类的艺术特长班。峰峰像一个陀螺一样，每天奔波于各种补习班之间。原来活泼开朗的峰峰，由于疲于上各种补习班，慢慢地变得沉默寡言，他开始出现一上课就犯困的现象，学习成绩也直线下降。

峰峰的父母十分着急，于是带峰峰去心理诊所治疗。医生说："峰峰患的是'学习恐惧症'，主要原因是父母给孩子施加了太大的压力，超出了他的承受范围。长期的、高强度的学习压力会造成孩子对学习的恐惧和逆反心理，并且可能出现如疲劳、失眠、心慌意乱、情绪低落、注意力降低等一系列不适症状。"

峰峰的爸妈恍然大悟。从此以后，他们再也不逼着峰峰去上那些补习班了。峰峰没有了之前那样大的压力，学习成绩也进步了很多。

心理学家的研究表明：压力与成绩之间存在一种倒U型关系，也就是著名的倒U型假说。倒U型假说的最重要之处在于：压力过大或过小，都会使效率降低，只有适当的压力，才会让孩子取得最好的成绩。也就是说，当一个孩子学习没有一点压力或压力较小时，他就会因为没有紧张感而缺乏动力；而当一个孩子压力太大，超出他的承受范围时，他就会失去自信，反而不能发挥正常的水准。只有当一个孩子感受到适当的压力，处于轻度兴奋的状态时，他才能在学习上取得好成绩。

这就要求父母对孩子承受压力的能力有充分的了解，并找到适当的压力值，让孩子既不会因为目标太容易达到而偷懒，也不会因为目标太难完成而放弃。在传统的教育观念中，父母总是抱着望子成龙的心态，以为给孩子的压力越大，孩子取得的成绩就会越好。这是完全错误的，与量才施教的准则背道而驰。父母应该随时调整孩子的压力，就好像管理水库一样，水太满了就要泄洪，水太浅了就要蓄水。

不过，很多父母往往忽略了这点，当孩子表现不好时，他们总是觉得问题出在孩子身上。父母在潜意识地逃避自身的责任，所以他们要么不给孩子压力，解释说不愿意打击孩子的积极性和上进心；要么就给孩子太大的压力，解释说有压力才有动力，而这样做产生的结果是让孩子自我怀疑，甚至灰心丧气，没有了自信和勇气。

睿智的父母都知道应该给孩子适当的、恰到好处的压力，以激发孩子的最大潜能。但是即使如此，在给予孩子适当压力的时候，父母也要注意以下几点：首先，父母对孩子的期望不要太高。过高的期望会让孩子产生过重的压力，不利于孩子的心理健康。其次，父母在给予孩子压力的同时，也应该提供必要的支持。父母的支持，会增加孩子的学习动力。

专家支招

父母对孩子的教育，重要的是父母应该抱着一种坦诚的态度，让孩子感觉到父母的关爱，而不是强迫他去做他不想做的事情。只有懂得关注孩子心灵的父母，才会更多地从孩子的心理成长角度出发，去理解孩子，而不是想当然地给孩子减轻或增加压力。

马太效应：自信带来成功，成功增强自信

林华上小学后成绩一直处在中游。他也没有什么爱好与特长。不要说林华对自己没有信心，就是父母对他也不抱什么大的希望。四年级的时候，父母为了帮林华打好英语底子，让林华每周六去一位英语老师那里接受辅导，并不是指望他在英语上有多少长进，只是觉得去上课总比在家里浪费时间好。

林华也愿意去那里上课，因为那位英语老师对教学很有一套，他总是不断地鼓励学生。他曾对林华的妈妈说："我不是教他们如何背单词、语法，那是学校英语老师的事，我只是培养他们学好英语的自信。"

三个月以后，林华的英语成绩虽没什么明显的提高，但显然林华对英语学习产生了兴趣。到了五年级，林华的英语成绩已经进入前十。而妈妈发现比英语成绩的突飞猛进更让她高兴的是，林华越来越自信了。

"马太效应"这个名词来自于《马太福音》中的一则寓言：一个国王远行前，把三个仆人喊来，给他们分配了任务。按着各人的才干，一个给了五千，一个给了两千，一个给了一千。那个领五千的，随即拿去做买卖，又赚了五千；那个领两千的，也照样另赚了两千；但那个领一千的，

只是把主人的银子埋藏了起来。过了许久，主人回来了，和他们算账。只有领了一千的仆人受到了惩罚，主人说："你这又恶又懒的仆人，你既然知道我没有地要收割，也没有地要买，那么就应当把我的银子放给人，到我回来的时候，就可以连本带利收回。"于是主人夺过他这一千两银子，给了那已有一万两银子的仆人。

"马太效应"指强者愈强、弱者愈弱的现象，被广泛应用于心理、教育、金融等众多领域。孩子如果很自信，成功就会接踵而至。一般而言，赏识教育能给予孩子充分的肯定，让孩子自信起来，因此成为提高孩子自信的最好方法。教育家卢勤女士根据自己的经验提炼出了关于快乐人生的三句话："太好了！""我能行！""你需要帮助吗？"卢勤女士所倡导的也就是常说的"拇指教育"，即激赏教育，要求父母应该经常竖起拇指表扬孩子，而不是讥笑、批评孩子，从而使孩子建立自信。

孩子的可塑性很强，他们的人生观与世界观尚未完全形成，所以受到父母影响的可能性很大。如果给一个普通的孩子以赏识，只要孩子感觉到了，那么他会越来越朝着被赏识的方向努力，会表现得越来越自信；反之，如果给他以漠视或讥笑，他就会觉得自己的表现很差劲，从而怀疑自己的能力，会越来越不自信。

如果一个孩子相信自己很优秀，并得到了他人——特别是父母的优秀评语，那么他会在内心将这种优秀的信念不断放大，并促使自己朝更优秀的方向发展；如果一个孩子内心仅存一点优秀的曙光，却得不到他人的赏识，那么这点仅有的优秀也将消失。自信的，会更自信；不太自信的，连仅有的一点自信也要被夺走。这就是典型的"马太效应"。

专家支招

父母都应该致力于培养孩子的自信心，因为自信能够让孩子变得更优秀。希望父母都记住并实践之：赏识和赞美是一种美德。赞美会使一个孩子越来越优秀，因为赞美带来自信，而自信带来成功。所有父母都应该把赏识与赞美当作一种习惯，通过赞美与赏识，培养孩子的自信，增强孩子的自信心，帮助孩子获得成功。

第六章 让孩子与众不同
——利用心理学法则培养孩子

父母都希望自己的孩子智商和情商高，与众不同，卓尔不凡，能够取得更大的成就。不过很多父母只擅长培养孩子的智商，却对情商教育相对陌生。如果父母懂得利用相应的心理学法则进行教育，就能够让孩子迅速提高情商指数，让他们更了解自己，更善于和他人交往。

避雷针效应:及时疏导孩子的坏情绪

在一次单亲妈妈们的交流会上，佳佳的妈妈说了一件发生在自己和孩子身上的小故事。8岁的佳佳有一次突然焦躁不安，她在房间里四处走动，突然把一个自己最喜欢的玩具扔在地上不停地用脚踩。

妈妈不知道佳佳发生了什么事，就没有及时阻止佳佳的行为，她想看看佳佳接下来会做什么。佳佳踩了玩具几脚，然后突然跑到她身边，一把抱住她的腿。她知道孩子肯定发生了什么事，但是她没有说什么，只是抱着孩子，轻轻地抚摸孩子的背。孩子在她的臂弯里抽泣起来。等到孩子情绪稳定下来，她才问佳佳刚才怎么了。佳佳说她刚才看到电视上有个小朋友的爸爸不要小朋友了，没有爸爸的小朋友受到别人的欺负，她很生气。原来佳佳触景生情，想到了自己的爸爸，才会有这样的反应。

父母都应该了解在亲子教育中非常重要的避雷针效应。在雷雨天气里，一些几百米高的建筑由于避雷针的保护，能够安然无恙。避雷针效应提醒父母:面对孩子的坏情绪，如果能够有效引导，就能避免让孩子累积坏情绪。

有这样一个亲子教育故事。当孩子打翻了一杯牛奶时，孩子就会手足无措，甚至担心父母会责备自己。这个时候聪明的父母会怎么做呢?他们会和孩子一起把地板上的牛奶清理干净，孩子因此而来的坏情绪自然也就消失得无影无踪。而不合格的父母会无视孩子的心理感受，并责备孩子。打翻一杯牛奶是小事，可是如果父母的做法不对会导致孩子产生错误的想法。他会认为做错事或者有不良的情绪时，不能跟父母说，因为父母会责备他。他会把这些积压在心底，就像云层一样越积越厚，慢慢地就会带上电了。父母不了解孩子的这一心理过程，当孩子越来越沉默，或者有时对着父母“咆哮”的时候，父母惊呆了，像被雷电击中。其实父母不知道，这完全是由他们自己造成的。孩子的情绪“高压线”被触击本来是完全可以避免的，只是由于父母粗心，没有及时疏导才会发生。

随着孩子一天天地长大，他们的情绪反应会越来越多。孩子不像成人，能够进行有效的自我调节，当他们内心充满困惑和矛盾，情绪越积越多时，他们就会感到烦躁不安。父母应该随时了解孩子的情绪变化。当孩子情绪低落或反常时，父母要做的就是及时引导孩子发泄内心积压的不良情绪。

随着社会的进步，孩子的成人化越来越明显，然而他们的心理承受能力却没有得到相应的提高。特别是现代生活给父母带来的压力，让他们和孩子的接触时间变少，在这种情况下，孩子会越来越多地出现心理危机，例如:他们缺少安全感，变得歇斯底里;没有足够的亲情交流，使他们日益孤僻。如此，父母更应该多关心孩子，更加注重孩子的心理健康。对孩子出现的不良情绪，要及时疏导，避免让孩子受到不良情绪的侵扰。

父母经常扮演孩子情绪的避雷针角色，不仅能够让孩子的心理得到健康发展，还可以有效地改善亲子关系。在情绪疏导和释放的过程中，孩子也会意识到，因为坏情绪而迁怒于他人，或者让他人受到伤害，是错误的行为。在孩子释放情绪的过程中，父母也可以教给孩子一些和他人交往的原则，这会帮助孩子建立更好的人际关系。

专家支招

有一点值得父母特别注意，如果孩子发泄情绪的方式比较极端，比如长时间的烦躁不安，甚至有过激的行为，父母要及时安抚，严重的话需要带孩子去看心理医生。谨记：孩子的坏情绪一旦发生，就要将它彻底平息。

凯迪拉克效应：让孩子发挥自己的特色

爸爸给猫猫买了一个手机玩具，一触摸键盘它就会发光，还会发出动听的铃音。猫猫很快就迷上了这个玩具，因为他经常看见爸爸妈妈打电话，所以也总是模仿大人打电话，“喂喂”地说个不停。有时候爸爸妈妈还和猫猫“通电话”，进行简单的对话游戏。

但是没几天猫猫就把手机玩具大卸八块，零件扔得到处都是。爸爸问猫猫：“你不是很喜欢手机玩具吗？干吗把它拆开？”猫猫说：“那个响响。”爸爸说：“是不是想知道它为什么能发出声音啊？”猫猫点了点头。“但是现在它已经不能发出声音了，我们能不能把它修好，让它再发出那种声音呢？”爸爸在孩子的眼睛里看到了答案。无论猫猫和爸爸最终是否能把手机玩具修好，已经不重要了。重要的是，爸爸意识到并鼓励了猫猫的探索欲望，这十分有利于猫猫的发展。

很多家长都希望自己的孩子听话、顺从，调皮行为少一些。上面事例中的猫猫，肯定会被许多家长们定性为“破坏性极强”的孩子。但家长们不知道，这种“破坏性”是孩子的天性，是他们探索欲望的萌发、创造能力的表现。如果因为猫猫拆坏了手机玩具，爸爸就进行斥责，也许会使孩子从此以后变得听话、乖巧，但孩子的探索欲望、创造能力很可能就会由此而消失。许多父母忽视孩子的天性，而把孩子强行改造成他们所希望的样子，这种做法其实是非常不可取的。

在美国的一个州，有一位印第安老人，有一天他无意间发现了石油，这使他一下子从穷人变成了富翁。老人立刻买了一辆豪华的凯迪拉克旅游车，然后用两匹健马拉着那辆豪华车去附近的小镇上兜风。一个机械师看到这一幕，还以为车子出了问题，迫不得已才用马来拉车。但是当机械师检查了车子之后，发现这辆车子的马力相当于100匹马的力量，一点儿问题也没有。现在车子的主人竟然用两匹马拉着它到处兜风，这实在是太可笑了。

以上故事的问题出在:这位印第安老人虽然拥有了高级轿车，但他对这类车子的性能缺乏最基本的认识，还可笑地用两匹马拉着它到处兜风。其实不必发笑，因为在现实生活中，与这位印第安老人类似的父母有很多，他们经常是按照自己固有的认识和愿望去塑造自己的孩子，有意无意地忽视孩子本身就是一辆马力十足的轿车，却硬生生地用两匹马拉着他们前行。在孩子的成长过程中，父母必须了解孩子，避免陷入印第安老人这样的境地。父母应该时常注意观察孩子的兴趣爱好，结合孩子的天性，顺其自然地引导孩子往适合他发展的方向发展，并为其创造有利的条件。

很多父母希望孩子能够完成自己的理想，这种想法可能会误导孩子的一生。比如，父母年轻时想成为作家，就希望孩子能写一手好文章;父母年轻时想当歌唱家，就强迫孩子去学习声乐。其实孩子可能对写作和音乐一点儿也不感兴趣。相反，他喜欢体育运动，甚至有可能成长为篮球界的姚明或者是网球界的李娜。但他们的特长被父母忽略了，而父母给他们的定位又完全不符合他们的天性。因此我们会看到这样的场景：一个多动的孩子被强行按坐在钢琴前，几年下来没有任何进步。老师无奈地对父母说："可能你们的孩子并不适合学习钢琴。"现在，父母又要面临给孩子重新找一个发展方向的问题，而这个方向又极有可能是不适合孩子天性的。时间就这样被浪费，孩子也在父母的"培养"下，成为平庸的人。

当然，有的孩子性格比较外向，对于父母的安排，不会"逆来顺受"，而是顺应自己的天性，告诉父母自己更喜欢什么，更愿意做什么。本来这是非常好的，可悲哀的是，父母却觉得自己的家长权威受到了挑战。他们不仅直接否定了孩子的正确建议，还强制性要求孩子必须照他们的话去做。由于他们并不了解孩子擅长哪方面，却给孩子做了一个自以为是的安排，因而孩子难以积极响应，只会"做一天和尚撞一天钟"。在这种消极心态的影响下，父母别指望孩子会有多大的进步。如果遵循孩子的兴趣爱好，孩子本来是可以取得非常大的成就的。

专家支招

父母不要强迫孩子去学他不愿学的东西，而要去发现他真正感兴趣的东西，并积极地加以引导。在可能的情况下，要努力地使孩子得到全面发展，以适应将来瞬息万变的社会。

洛克定律：有专一目标，才有专注行动

台球神童丁俊晖的成长经历值得很多望子成龙、望女成凤的父母们借鉴。丁俊晖取得今天的成就，和他十几年如一日地练球，坚持不懈地朝着目标前进是分不开的。丁俊晖一开始站在凳子上才能打到球，而现在排名前十，并且连续打出147分满分杆，成为台球界最耀眼的球星。回顾成长历程时，丁俊晖说："只要不离不弃地坚持做一件事，肯定会获得成功的。"

在亲子教育中，很多父母都会用名人的榜样力量来影响孩子，但经常半途而废，不能让孩子持之以恒。孩子没有获得成功，很多时候不是没有天分，而是因为努力不够，坚持不够。有一个妈妈说，她让孩子学琴六年，结果还是没有坚持下来。这一方面有孩子兴趣的原因，一方面也是因为自己的决定有些草率。她很后悔自己一开始没好好分析孩子的特长就选择了让孩子努力的方向；也很后悔坚持了六年之后，又让孩子重新开始，浪费了孩子的时间和精力。

美国管理学家埃德温·洛克认为：有专一目标，才有专注行动。要想成功，就得制订一个奋斗目标。但是，目标并不是不切实际地越高越好。每个人都有自己的特点，有一些别人无法模仿的优势。只有好好地利用

这些特点和优势去制订适合自己的目标和实施方案，才有可能取得成功。对每个人来说，只有当目标既具有未来指向性，又富有挑战性的时候，它才是最有效的。

这条法则特别适用于亲子教育。很多父母都希望孩子成为让自己满意的人，而不是让孩子成为应该能够成为的人，这是不对的。孩子的思维活跃，很容易理想泛滥，今天想做科学家，明天想做娱乐明星，这些都没有错。可是如果不锁定一个目标，经常改换理想，三天打鱼，两天晒网，孩子就可能一事无成，最终碌碌无为。这就需要父母和孩子进行“磋商”，帮助孩子制订合适的目标，并给予孩子适合其成长的条件，这样才能收到满意的效果。

俄国著名生物学家巴甫洛夫临终前，有人向他请教如何取得成功，他的回答是:“要热诚而且慢慢来。”他解释说“慢慢来”有两层含义:做自己力所能及的事;在做事的过程中不断提高自己。也就是说，既要让人有机会体验到成功的喜悦，不至于望着高不可攀的“果子”而失望，又不要让人毫不费力地轻易摘到“果子”。“跳一跳，够得着”，就是最好的目标。

在佛教经典《妙法莲华经·化城喻品》中讲了这样一个故事:很久以前，有一位导师带着一群人去远方寻找珍宝。由于路途艰险，他们晓行夜宿，很是辛苦。当走到半途时，大家累得发慌，便七嘴八舌地议论开来，打起了退堂鼓。导师见众人这样，便暗施法术，在险道上幻化出一座城市，说:“大家看，前面就是一座大城！过城不远，就是宝藏所在地啦。”众人见眼前果然有座大城，便又重新鼓起劲头，振奋精神，继续前行。就这样，在导师的苦心诱导下，众人历尽千辛万苦，终于找到了珍宝，满载而归。

父母也要学会“化城”的艺术，不断地给孩子“化”出一个个看得见而且跳一跳就够得着的目标，引导孩子不断前进。

专家支招

古语云:“千里之行，始于足下。”要想让孩子实现自己的人生目标，就要教育孩子从小脚踏实地。而能让孩子长久保持热情的最好方法，就是为孩子制订一系列的“跳一跳，够得着”的阶段性目标。要是这些都完成了，那么成功还会远吗?

甘地夫人法则：让孩子从容面对挫折

儿童心理学博士王芳在谈到亲子教育时说，父母经常犯的一个错误就是，一心只想让孩子获得成功，却不愿让孩子在挫折中成长。为此，王芳举了一个妈妈带着孩子来做心理治疗的例子。

林多是一个非常优秀的男孩，性格开朗，学习成绩也一直在班里名列前茅。四年级的时候，有一次期中考试林多考砸了，掉到了20名开外，这让林多很接受不了。父母虽然没有说什么，但林多觉得他们对他很失望，后来竟然诱发了严重的抑郁症，需要接受心理治疗。

甘地夫人是一位非常出色的女性。作为领袖，她对印度有着杰出的贡献;作为母亲，她是孩子心中最好的导师。

有一次，甘地夫人的儿子拉吉夫因病要做手术。医生建议用“善意的谎言”来安慰孩子，让他消除畏惧心理。甘地夫人认为，孩子应该知道他要面对的手术，应该勇敢地承受这一切。甘地夫人认为：“生活中有幸福，也有坎坷，所有做父母的都很愿意为儿女分担痛苦。但教育的目的是培养孩子健全的个性，使他们以后能够从容不迫地适应生活中的各种变化。父母对孩子真正的爱并不是迁就孩子，让他们随心所欲，而是随时约束和教育他们，帮助他们提高自我克制的能力，加强对他们品行的培养。”让孩子直面生活，端正面对失败的态度，这就是挫折教育。

挫折教育可以培养孩子的自控能力、意志力，可以提高孩子的个性品质。它能使孩子在将来的生活中战胜自我，从容地面对挫折和打击，并最大限度地发挥自己的潜能。这对孩子今后的发展和成功有着十分重要的意义。

面对挫折，孩子会恐惧、哭闹，寻求家长的庇护，在这个时候，作为家长你该如何引导孩子呢？孩子在成长过程中，将会不可避免地遇到许多困难和挫折。这一点是不以人的意志为转移的，也不是父母时刻呵护就能避免的。父母有必要让孩子知道，挫折是人生正常的“待遇”，拒绝挫折，就等于拒绝成功。如果孩子在童年时期没有面对挫折的经验，长大以后就无法更好地战胜挫折。

现在中国大都是独生子女家庭，父母过分宠爱孩子，孩子衣来伸手、饭来张口。这种在太过顺利的环境中成长起来的孩子，一旦遇到挫折就会完全没有办法，耐挫折指数很低。这就是常说的温室里的花朵无法承受风雨的打击。他们离开父母的保护后，无法独立应对生活中和学习中遇到的困难，在未来的生活中也很难取得成功。

要想帮助孩子正确地面对挫折，就需要培养孩子坚强的性格。一个人在一生中要面临很多困难和挫折，如果没有坚强的性格，就很难有与困难、挫折做斗争的勇气。在孩子的成长过程中，有些父母对孩子一味溺爱，处处充当“保护伞”，这样孩子就容易变得娇气，依赖性越来越强，在挫折和困难面前往往手足无措。正如英国著名儿童心理专家卡特邦奇所说的：“过于幸福的童年常常会造成不幸的成年。很少遭受挫折打击的孩子，长大后会因为不适应环境和复杂多变的社会而深感痛苦。”

孩子的坚强性格，是在童年时期和青少年时期不断战胜挫折和克服困难的过程中形成的。受挫越多，往往越能使孩子珍惜身边的幸福。作为父母，应该尽可能地给孩子提供各种挑战的机会，哪怕孩子多次跌倒，父母也要在背后鼓励他们“在哪里跌倒，就要从哪里爬起来”；更不可人为地制造风平浪静的局面，让孩子失去受挫的宝贵机会。

对于孩子来说，尽管受挫是痛苦的，但是他可以从中悟出真正的道理，得到宝贵的经验，从而得以激发自身的潜能。所有父母都应该清醒地认识到，即使穷尽自己的一辈子也不可能呵护孩子一辈子，孩子最终都要在社会的摔打中不断成长，要独自面对挫折与困难。

父母要有意识地让孩子经历挫折，提高孩子的心理承受能力，培养孩子坚强的性格。性格坚强的孩子也会有痛苦，但是能够很快从痛苦中解脱，重新振作。人生就是一场与挫折较劲的漫长之路，坚强的人会勇敢地面对自己不如意的一面，甚至是耻辱，而不会轻易被挫折击败。

当然，让孩子经历挫折并不是要对孩子进行苛刻的批评、大声的漫骂和严厉的责打或者与孩子对着干，这种强硬措施只会加重孩子的逆反心理，对培养其坚强性格毫无益处。正确的做法是，引导孩子正视挫折，克服由此带来的不愉快、沮丧等不良情绪，使孩子有勇气面对困难、解决难题。

当孩子受到挫折后，父母不仅要帮助孩子正确地对待挫折，分析造成挫折的主客观原因，而且要教育孩子多从主观上想问题、找原因，并勇敢地承担责任。孩子受到挫折，不管大小，父母都要妥善处理，不能忽视。父母一方面要让孩子明白挫折是难免的，每个人都会遇到；同时，父母要帮助孩子分析受挫的原因，让孩子明白错在哪里，错的原因是什么，该如何改进；此外，适当调整对孩子的期望值、改变环境等，也是对孩子进行挫折教育的比较有效的办法。

总之，在孩子遇到挫折后，父母要鼓励和安慰孩子，帮助孩子树立战胜挫折的信心，学会正确地自我评价和客观分析，不推诿责任，敢于承担风险。

专家支招

每一个家长都应该懂得:克服困难，正确面对失败和挫折，是孩子人生成长中的必修课。父母要想办法让孩子走出大人的“保护圈”，切不可把孩子成长过程中的困难都解决掉，而是要让他们在生活中接受困难的挑战，以培养坚强的意志。人们常说:“困难像弹簧，你弱它就强。”父母应鼓励孩子面对困难，不怕困难，克服困难，做生活的强者。

南风效应:宽容比惩罚更有效

王强特别喜欢踢足球，每次踢完球衣服上都沾满了土。回到家后，王强不是将脏衣服脱下来放在洗手间，而是穿着脏衣服直接躺在沙发上休息。米色的沙发巾很容易被弄脏。妈妈责备了王强好几次，王强总是不改。

有一天，妈妈下班回到家，就看见王强穿着脏衣服躺在沙发上，这次妈妈没有发火，而是要求王强自己把弄脏的沙发巾洗干净。妈妈说:“踢球是你的爱好，妈妈不反对，但一会儿林阿姨她们要来做客，妈妈要准备做饭，你弄脏的沙发巾怎么办？”

王强看着被自己弄脏的沙发巾，也觉得不好意思，就决定自己去洗沙发巾。厚重的沙发巾清洗起来并不容易，王强才发现妈妈原来这么辛苦。洗完沙发巾后，王强主动向妈妈承认了自己不爱干净、忽视妈妈辛苦劳动的错误，并且保证下次不会再这样躺在沙发上了。妈妈欣慰地看到，以前屡教不改的王强，这回是真的改正不良习惯了。

法国作家拉·封丹曾写过一则南风和北风打赌的寓言。南风和北风想知道谁的力量更强大，于是决定比试谁能先把行人身上的大衣脱掉。北风鼓起劲，狂劲地吹着，刹那间，寒风刺骨，直钻人们的衣领。可是，风越刮，天越冷，行人越是把大衣裹得紧紧的。南风轻柔地徐徐吹动，顿时风和日丽，行人觉得春暖身热，解开纽扣，脱下了大衣。就这样北风输给了南风。于是人们把启发别人及满足其需要从而达到自己目的的做法称为“南风效应”。

南风之所以能达到目的，就是因为它顺应了人们的内在需要，使人们的行为从被要求变为自觉。南风效应给父母的启示是：在处理自己与孩子之间的关系时，宽容比惩戒更有效。每个孩子都是在错误中成长的，犯错误不是问题，而是要在错误中总结经验教训——找到做错的原因，以后就会知道该怎么办了。面对孩子的错误，父母不要简单地、粗暴地将之和孩子的缺点联系起来，这会导致孩子产生“我就这样了”的心态，不利于孩子将来的发展。

当孩子犯了错误后，很多父母往往都习惯于扮演“北风”的角色。父母的批评和指责会让孩子远离父母，并会引发孩子的一些心理问题，诸如自卑、孤僻、自闭等，甚至会使孩子产生逆反和报复心理，故意和父母作对、不听父母的话、让父母生气等。

有一位教育家曾说：“当孩子犯错误时，我们应该先避开错误本身，把孩子从错误的阴影中带出来，带他们走向温暖的阳光地带，打开他们的心锁。”父母要用温暖的“南风”逐步吹掉孩子的警惕心理和错误习惯。父母在关心孩子的同时，也要学会尊重他，心平气和地对待他的错误，以温和的方法引导他认识到错误。有一句名言说：“孩子的身上存在缺点并不可怕，可怕的是作为孩子人生领路人的父母缺乏正确的家教观念和教子方法。”

生活中，父母为了帮助孩子战胜身上那些坏习惯，经常对孩子进行

“纠正和摘除坏习惯的手术”，可结果往往适得其反。本来孩子犯错还只是偶尔为之，只要父母给予适当的引导，孩子就会意识到自己不应该再犯类似的错误。可是由于父母错误地采取了惩罚的方式，想通过这种强化的办法让孩子长记性，结果事与愿违，孩子反而变成了“累犯”。

当孩子犯了错误时，父母最终的目的应该是帮助孩子改正错误，让他吸取教训，而不是为了惩罚而惩罚。对于孩子来说，很多错误并不是故意为之，而是因为控制能力不够，或者是理解有偏差。事实上，他也并没有觉得自己在做一件“错事”，会给父母带来麻烦。如果孩子一犯错，父母就打骂，孩子的信心和勇气就会受损，有时为了不做错事，他们会不敢轻易尝试做任何事。

清朝的颜元曾说过:“数子十过，不如奖子一长。数过不改，也徒伤情;奖长易劝，也且全恩。”在孩子犯错的问题上，更能体现父母的教育能力。

更何况，孩子犯错误对于父母来说，并非一定就是坏事。父母可以通过这些错误，了解孩子的不足之处，发现孩子身上那些不易被察觉的问题倾向，并给予孩子及时的帮助，这些都比单纯地纠正孩子表面的错误更为重要。

专家支招

父母可以从“吃一堑，长一智”的角度来看待孩子犯错的问题。有时候，对孩子犯错误不能一棍子打死，认为完全是坏事。重要的是要能让孩子在错误中明白什么是对的，什么是错的，并且能从错误中吸取教训，最终变“错”为“宝”，这才是父母真正要学习的内容。当然，这并不是鼓励孩子犯错，而是告诫父母在孩子犯了错误时要以平常心看待，要引导孩子反思自己的错误，进而改正。

罗森塔尔效应：有一种期望可以激励孩子

9岁的涛涛调皮捣蛋，邻居和老师都向妈妈反映他的“罪行”。妈妈也很头疼，孩子顽劣，打骂都没有效果。涛涛犯了错后特别勇于认错，不过事后他还是会继续犯错。

一次偶然的机会，妈妈看到了一篇介绍罗森塔尔效应的文章。她决定依照这一绝妙的心理效应，帮助涛涛纠正他的顽皮劣习。

当涛涛取得一些成绩的时候，哪怕是一丁点的进步，妈妈也会看在眼里，并说出来鼓励涛涛。当然，妈妈也会说：“我觉得他们认为你调皮，是他们没有看到你其实很有想象力和创造力。不过很多人在展现优点时善于采取让他人更容易接受的方法，妈妈相信你也可以做到。”罗森塔尔效应法还真管用，涛涛取得了明显的进步，不再是捣蛋鬼，而变成了大家都喜欢的孩子。

美国心理学家罗森塔尔在1968年做过一个著名的实验。在某所小学，他选取三个班的儿童进行测验，然后将一份有潜力的学生的名单交给了老师。其实，这份名单是随机抽取的，它旨在调动老师对名单上的学生的某种期待心理。8个月后，罗森塔尔对实验进行追踪调查，发现名单上的学生成绩普遍提高，表现更好。人们把这种现象称为“罗森塔尔效应”。这其实是一种赏识教育。如果老师对学生抱有较高期望，学生从老师那里感受到鼓励，就会以积极态度来予以反馈，取得很大的进步；相反，那些受到老师忽视甚至歧视的学生，会以消极的态度对待老师的要求。

林肯曾说过：“每个人都希望受到赞美。”孩子说话、走路都是在父母的鼓励下学会的。孩子学说话时，没有不说错话的；学走路时，没有不摔跤的。但是没有父母会因为孩子说错话、摔了跤，而不让他们学说话、学走路。父母的期望，对孩子的成长影响深远。父母如果以积极的态度期望孩子，孩子就可能朝着积极的方向改进；相反，父母如果对孩子存在着偏见，认为孩子“比不上人家”“也就这么点能耐”，就会导致孩子缺乏自信。

心理学家威廉·詹姆斯曾说过：“人性最深切的渴望就是获得他人的赞赏，这是人类有别于其他动物的地方。”每个人都渴望受到别人的重视，得到别人的赞美。在这个世界上，所有成就非凡的人成功的信念都源于赞美。父母的一句“我相信你是最棒的”“你不会让我失望的”，是孩子日后所有奇迹的萌发点。对于任何一个孩子，父母只要给予期待和肯定，他们就会受到激发，让父母看到希望。

对于孩子来说，由于生理处于发育期，而心理还很幼稚，这个阶段他们心灵最强烈的需求、最本质的渴望就是得到别人的赏识。孩子的年龄越小，越需要外界的鼓励，特别是父母的鼓励和期望。当然，这种期望只有在合理范围内，才能产生积极的效果。假设父母非得要孩子在期末考试中得第一名，那不是期望，那也不是肯定，那是给孩子压力。在太大的压力之下，孩子就可能丧失自信，并产生自暴自弃的心理。

作为父母，不仅应该对孩子的优势将会得到长足发展抱有良好的期望，对孩子的劣势也不要丧失信心，对孩子一定能战胜劣势也应给予期望。父母应该相信孩子，在自己的期望下，孩子好的方面会得到加强，不好的方面会得到纠正和改进。

专家支招

做父母的应该而且必须赏识自己的孩子，要把赏识当成孩子生命中的一种需要。有了赏识的心态，父母就会把孩子当作天才来看待；而孩子，也可能真的就成了父母心目中所期待的天才。

狐狸法则：培养孩子的独立性

笔者曾在虹桥机场遇到一个来接孙女的老人。老人告诉笔者，他的孙女独自一人从美国佛罗里达州来爷爷家度假。从美国佛罗里达州到上海，光是飞行就需要十多个小时，还要在中途换机。而让人难以置信的是，小女孩才8岁。

笔者问老人："孩子这么小出远门，你们放心吗？"老人回答说："孩子要放养，因为毕竟以后他们还是要到社会中经历风雨的。父母再不放心，也不能替孩子解决所有事情。生命是他们的，生活也是他们的。我们可以爱他们，但不能代替他们生活。"

这位老人温文尔雅，一看就是受过良好教育的。很快，他的孙女出现了，拖着一个比她自己还大的箱子，一点儿也不娇气。她看到了爷爷，高兴地跑了过来，看到笔者的时候，很自然地打招呼："Aunt, nice to see you. I am Sandra." 看来这个孩子的独立能力真的很强啊。

意大利教育家蒙台梭利曾说："教育首先要引导孩子沿着独立的道路前进。"美国教育家罗伯特博士也提出，现代对孩子的教育有十大目标，其中最重要的便是独立性。一个孩子在长大后要想有所成就，就必须具备独立性，要具备独立思考、选择、判断、解决问题的能力，只有以这些能力为基础，孩子才能应对生活中的各种挑战，否则是很难适应现代社会的。

老鹰把自己的孩子推下山崖，推到风中，这是一种大爱，因为这是培养小鹰独立性的前提。在小鹰嗷嗷待哺的时候，老鹰不辞辛苦觅食喂养它。当小鹰的翅膀能够抗击风暴的时候，老鹰就毫不犹豫地将小鹰赶出家园。因为老鹰明白，爱不能代替生活。物竞天择，这是人类社会和动物世界都遵循的真理。没有独立性就没有参与竞争的条件。父母可以爱孩子，为孩子的成长创造尽可能多的有利条件，但是父母不能代替孩子去竞争。所以说，父母一方面要给予孩子爱，另一方面要培养孩子的独立性。爱和独立性不能画等号，独立性比爱更重要。

孩子的独立性不是立等可取的，而是在生活中逐步培养起来的。要想培养出独立自主的孩子，父母就应该多为孩子创造锻炼的机会，不要事事包办，也不能在关键时刻舍不得放手。一般来说，孩子在2岁后，父母就应该帮助孩子逐步学会自己吃饭、穿衣、收拾玩具等，通过做这些力所能及的小事，帮助孩子逐渐树立独立意识。可惜的是，很多父母没有意识到培养孩子独立意识的重要性，他们自愿成为孩子延长的“手”“脚”“眼睛”和“嘴巴”，不愿意放手。

培养孩子的独立意识，是一个循序渐进的过程，也是一个漫长的过程，父母千万不能操之过急，不要因为孩子没有做好某件事就让孩子重新回到自己的羽翼下。对于孩子力所能及的事情，对于孩子任何独立的尝试，父母都要坚决放手。只要孩子付出了努力，即使结果不理想，父母也要给予及时的认可和赞许，让孩子的独立性得到肯定和加强。

另外，孩子需要一定的空间，去锻炼自己的独立能力和应对生活变化的能力。当一个孩子得到充分锻炼后，独立性得到提高，他就会有信心去处理生活中的各种问题，坦然面对生活中的风雨。

专家支招

孩子是一个独立的个体，和成年人一样，他们需要自己做决定的机会，以此来锻炼自己的决策能力，体会自主选择的快乐。所以无论父母怎样担心，也应该给孩子充分的选择权，培养孩子的决断能力。例如，父母可以让孩子自己决定穿什么样的衣服，而不要根据自己的喜恶来强迫孩子；可以让孩子选择自己的业余爱好，而不要根据自己的愿望和理想安排孩子参加各种各样的培训班……

亲和效应：让孩子拥有好人缘

妞妞与伙伴们在草坡上进行爬坡比赛。稍大一点的孩子动作利索，反应敏捷，自然每次都能遥遥领先，夺得冠军。妞妞年龄最小，活像个小企鹅，她全然不顾身后的欢呼喝彩声，自顾自卖力地往上爬，直到到达终点为止。可是，一个叫萱萱的女孩却特别要强，只要一看到有人爬到她前面，便立即停下来使劲哭闹。她不容许别人取胜，一定要自己获第一。这样一来，父母只好哄劝她，说她下次也一定能得第一。相比之下，妞妞像个与世无争的蜗牛，悠然自得地往前爬着。

孩子们通常爱玩“三个字”“警察与小偷”“中国人民大解放”等角力追逐游戏。尽管妞妞很爱参与，但因为年纪小，往往跑不赢别人，容易被人抓住。但通常会有大小孩照顾妞妞，比如给她续“命”，让她回到队伍中来，大小孩有时也会替代妞妞抓人。即便如此，妞妞仍然可能“丧命”，为此，妞妞感到沮丧。妞妞想：“怎样才能不被人抓住呢？”唯一的办法是练习跑步，只要跑得足够快，自然就不会被抓到了。可爱的妞妞并不想一味荫蔽在朋友的帮助之下，而是想自己摆脱苦恼，改变困境。

就这样，妞妞成了最受欢迎的人，不论大人小孩、男生女生，他们都喜欢妞妞，都愿意与她玩耍。

在人际交往中人们往往有一种倾向，即对与自己较为亲近的对象，会更加乐于接近，这就是亲和效应。亲和效应的主要含义是：在人际交往中，交往双方往往会因为彼此之间存在着某种共同之处而一见如故，这为双方的继续交往创造了有利条件。如果没有这种相似之处，那就很可能话不投机。在孩子与同龄人交往的过程中，这种亲和效应表现得更加明显。因为孩子的交往不像成人那样受交往动机的影响，他们更受好恶的影响。

孩子拥有亲和力，才会拥有好的人缘。那么，为人父母，该怎样培养孩子的亲和力呢？

首先，要让孩子学会自我竞争，不要过分引导孩子与同伴竞争。适当的竞争固然能刺激孩子的好胜心和自信心，但凡事谈竞争，势必会引发竞争的消极功能。而且对于心智尚未成熟的孩子来说，过分激烈的竞争不仅会让孩子背上沉重的心理负担，而且还会使孩子缺乏对失败的应对能力，导致自身压力过大。

在生活中，父母们喜欢用“比、赶、超”来要求孩子，凡事都要求孩子做到最好，这样会使孩子的心理负荷过重而导致身心疲惫。再说，只要有竞争，就会有失败，良性竞争会让孩子笑看失败，恶性竞争则只会让孩子产生嫉妒、自我怀疑等不良情绪，对孩子将来的人际交往极为不利。

古话说得好，吃亏是福！生活中，凡是经历过吃亏并学会吃亏的孩子，一定不会表现得咄咄逼人，他们的人际关系也不会一塌糊涂。然而，许多父母认为，在竞争激烈的当代社会，现代家庭中的独生子女，应当勇猛强悍，在竞争面前懂得先发制人，否则就会吃亏受损，受人欺侮。殊不知，父母这种争强好胜、不甘人后、斤斤计较、锱铢必争的想法，一旦植根于孩子幼小的心灵，必定会诱导孩子走向事事求胜、处处必赢、自私自利、先己后人的狭隘的个人主义和利己主义，非常不利于孩子的人际交往。

其次，父母应当帮助孩子学会交友、分享，让他们成为受欢迎的孩子。有些父母往往按自己的意图为孩子选择朋友，限制孩子的自由交往，他们的用心是良苦的，可结果也是苦的。因为父母这种替代孩子思考与分析，甚至替代孩子去跟伙伴“算账”的做法，无疑是把自己的孩子推到被孤立的边缘，而且使孩子产生依赖心理，觉得有父母做坚强的后盾，遇到什么样的问题都可以到父母身边，寻求他们的庇护。这十分不利于孩子和同龄伙伴的交往。父母应该主动帮助孩子成为受欢迎的人。平时多观察孩子和同伴间的游戏活动，除了关注自己孩子的内心感受，还要多倾听伙伴们对自己孩子的评价。即便父母察觉到孩子表现出“老好人”或“和事老”的行为，也不要斥责孩子“不中用”或“缺心眼”。要知道，“和事老”角色是和平的化身，是促成伙伴间友谊的黏合剂，是化解伙伴间冲突的调和剂。

最后，不要随便在孩子面前诋毁他的朋友。父母要明白，即便自己很不喜欢他的朋友，或他朋友的家长，但有时候，尊重孩子的朋友很重要，尤其是他认可的朋友或他学习的楷模。做父母的要尽量与孩子一道分享他们的友谊，尽力与孩子伙伴的家长进行及时的沟通与交流，一起关注孩子们的成长。

专家支招

面对孩子的交往挫折，父母应该帮助孩子学会正确归因。当孩子在交友期间受到冷遇、遭受排斥时，父母应该给予关心和指导，并从实际出发，帮助孩子打消疑虑，鼓励孩子再次勇敢地接触小伙伴。孩子也只有经历自己独立结交朋友的过程，才能锻炼自己，最终建立良好的人际关系。

第七章 “坏孩子”父母造
——父母不可不知的心理教育误区

在亲子教育中，很多父母按照想当然的法子来教育、培养孩子。可惜，由于方法不当，不仅事倍功半，还对孩子的心理产生了不良的影响。教育孩子犹如嫁接果树，不能不谨慎对待，一旦方法错误，不仅是起不到作用这样简单，还有可能结出又酸又涩的果实，甚至畸形果实。当父母陷入心理教育误区，可能会给孩子的心理造成更坏的影响。这一点，父母一定要引以为戒。

父母行使否决权，破坏了首因效应

汤姆是一个很调皮的孩子，他让全镇人都感到讨厌。在大家的敌视中，这个孩子变本加厉，行为越来越出格，甚至他的父亲都认为他以后肯定是一个平庸的人，并极有可能会成为一名罪犯。

孩子继母的出现改变了他以后整个的人生轨迹。父亲把小汤姆带到继母身边，介绍道:“这个孩子将会是你见过的最不好管教的孩子。”

继母却把汤姆拉到自己身边，说道:“我不这么看。我觉得汤姆是最聪明的孩子。我从来没见过比他更聪明、更有创造力的孩子。”继母说着用手给汤姆梳理了乱蓬蓬的头发，接着说，“我相信小汤姆也会证明你们的看法是错误的。”

这句话改变了汤姆。自此以后，汤姆一直没有让继母失望过，他长大后成了镇上最礼貌的绅士，在个人事业上也取得了非凡的成功。

心理学上，认识或接触某一事物，对其留下的第一印象称为“首因效应”。心理学研究表明，人们相互间的第一印象是影响以后人际关系的重要因素。人们往往会根据第一印象将他人进行归类，然后据此加以评价，从而形成一种先入为主的心理定式。首因效应是双方以后交往的依据。正面的、良好的印象，可以增进双方的交往；负面的、不好的印象，则会导致双方拒绝继续交往。

1957年，美国心理学家洛钦斯通过实验证明了首因效应的合理性。洛钦斯设计了四篇不同的短文，分别描写一位名叫杰姆的人。第一篇文章整篇说杰姆好；第二篇文章前半段说杰姆好，后半段则说他不好；第三篇与第二篇相反，前半段说杰姆不好，后半段却说他好；第四篇则全文否定了杰姆。洛钦斯请参与者分别读这四篇文章，然后对杰姆进行评估。结果表明，首因效应极为明显，参与者都受到了第一印象的影响。

这种首因效应，不仅适用于人际交往，它还构成了激赏教育的心理基础。俗话说，一句鼓励胜过任何奖赏。当父母认为孩子很优秀时，孩子为了保留在父母眼中的这一印象，会全力以赴，这样就形成了良性循环；当父母认为孩子很差劲时，孩子就会受到打击，觉得自己做出任何努力，都无法改变父母对自己的看法，因而消极失落，形成恶性循环。具体到对一件事的态度上，孩子也会受到首因效应的影响。例如，当孩子准备做某件事时，父母有时会使用激将法对孩子泼冷水，这样做会让孩子的信心受到损伤；反之，如果父母鼓励孩子，孩子就会信心百倍。如果父母在任何事情上都行使否决权，那么孩子对任何事情都会再也提不起兴致。

心理学家认为，孩子特别希望得到父母的支持和理解，如果父母轻易地否定和批评孩子的观点和行为，对他们的能力表示怀疑，孩子就会失去积极的动力，不去努力变得更好，而是不负责任地自甘人下，这是非常可怕的。父母千万不能用“傻”“呆”“笨”“坏”这类词汇来评价孩子，这会将他们变成“失败者”“无能者”，他们会因此变得越来越不起眼，表现越来越差。

“发明大王”爱迪生小时候在老师眼中是个笨孩子，但母亲一直鼓励他，并相信他最终会获得成功。最后，爱迪生成了一位伟大的发明家，没有让自己的母亲失望。其实，每一个孩子都是天才，只是许多父母缺少发现，缺少培养孩子的方法，使天才陨落埋没了。

对于孩子来说，年龄特点决定了他们对事物好与恶的评价带有片面性、随意性和迁移性。当他们的第一印象比较好时，就会把这种“好感”迁移到以后的学习生活中。因此，在亲子教育中，应用好首因效应极为重要。

专家支招

当孩子尝试某一件事取得成功时，父母应该在第一时间给予孩子正面的、中肯的评价，这样会让孩子受到激励，长久保持积极进取的心态。孩子第一次出现的缺点和错误，不宜大肆渲染，否则会产生负面效应。父母应该在肯定孩子优点的基础上，因势利导，给予孩子鼓励，让孩子获得信心和前进的动力。

父母爱唠叨，孩子容易患上心理疾病

今年读四年级的男孩大军在母亲的陪同下到心理咨询中心看病。心理咨询师在聊天后发现，大军的母亲特别爱唠叨，在诊疗室她就没有停止过说话。据大军说，相同的话母亲每天会重复几十遍，不厌其烦。因为母亲的唠叨，大军父母的关系并不好，大军的父亲经常在外面喝得醉醺醺的才回家。看到丈夫喝醉酒，大军的母亲就开始数落起来，有时候能说几个小时。因为受不了母亲从早到晚的唠叨，从今年暑假开始，大军就整日沉迷于打游戏，不愿意回家。开学后他还经常逃学，与同学打架。

没有办法，大军的母亲只好带他来做心理咨询。经医生诊断，大军患上的是焦虑症，而母亲的唠叨是儿子发病的主要原因。

现在产生心理问题的学生越来越多，90% 的心理疾病，病因都在父母身上，其中因母亲唠叨而发病的占 60%。

心理专家认为，唠叨与人的生理状况有关。一个人年长之后，其神经系统的自控能力降低，不但想到什么就得说出什么，甚至即使周围没有人，这个人也会唠叨个不停。人们大多数的唠叨指向的是一种心理问题。爱唠叨的人通常缺乏自制能力和心理承受能力，因此把自己感受到的心理压力通过唠叨这种方式发泄出来或者转嫁给别人。

爱唠叨的家长还面临着一个最重要的问题:他们不知道怎样和孩子进行有效的沟通。他们往往沉浸于表达自我感受，却忽略了孩子的感受。比如说，看到孩子在看动画片，不去做家庭作业，父母就会反复对孩子说“快去做作业”。其实孩子早就说过，“看完这一集后就去做作业”，但因为父母不停地唠叨，孩子就生出了厌烦心理，甚至故意不做作业了。

当孩子犯错时，有的父母不能做到就事论事，而是喜欢翻旧账，把此前孩子做错的许多事都拿出来说并不停唠叨，结果让孩子产生了抵触心理。其实，孩子犯一些错是正常的，孩子就是在不断犯错的过程中成长起来的。对于孩子犯的错，父母应当一事一议，不能乱说一通，更不能反复去唠叨。

在孩子身体发育的阶段，有些事情会特别容易激发孩子的不良心理反应，唠叨就是其中最为常见的事情之一。在唠叨中，孩子会产生很多心理疾病，要么在唠叨中沉默，变得越来越孤僻、自闭，要么在唠叨中和唠叨的父母一样，慢慢也变得唠叨起来。

父母的爱是最无私的，他们一心一意为孩子着想，大事小事都为孩子安排得妥妥帖帖。当孩子犯了错，他们反复劝说，也很累、很辛苦，但是孩子往往不领情。这是因为听多了重复单调的话，孩子首先会产生心理疲惫感，进而产生厌倦逆反感，接着就是满不在乎。唠叨的正面效果微乎其微，而负面效果却可能呈几何级数增长。

专家支招

父母爱唠叨，后果很严重。孩子会认为，反正父母爱唠叨，什么事都要管，慢慢地就会产生依赖心理，因而变得懒惰、散漫，没有责任感。在孩子年幼不懂事的时候，父母的唠叨会使其产生不自信、自尊感差等心理问题。父母唠叨过多，孩子就算听从了父母的话，也会在内心产生抵触或怨恨等负面情绪，让亲子关系受到破坏。

父母一味溺爱，导致孩子任性

一个晚上，妈妈带着6岁的皮特去朋友家串门。回到家里后，皮特突然发现一直攥在手里的玩具不见了。那个玩具是妈妈的朋友给的，皮特从来没有得到过那样的玩具。发现玩具不见了之后，皮特着急地哭了起来。爷爷、奶奶、爸爸、妈妈都来安慰他，并承诺第二天给他买他最喜欢的玩具。但是，皮特没有妥协:“我要！我就要！”

皮特打着滚哭闹，家人看不下去，又实在心疼，只得带上照明工具，全家出动，沿路搜寻，最终找到了遗失在路上的玩具，皮特得到了满足……

皮特长大后，喜欢上了一个女孩，但女孩不喜欢他，皮特拿刀割破了自己的手腕……在医院里，皮特被抢救过来了，但是他得不到那个女孩不甘心，开始绝食。皮特对父母说:“我就是喜欢她！别人我都不喜欢！”

从一个玩具开始，皮特被无休止的满足温柔地包围着，直至失去了理性。

从心理学的角度看，孩子的任性虽不排除受遗传因素和精神类型的影响，但后天的环境和教育是主要影响因素。父母的过分溺爱，会导致孩子形成任性的性格。他们心里只有自己，觉得自己是家庭的中心，是“小皇帝”“小公主”，想要什么就要什么，任由自己的欲望驰骋而不加控制。任性行为有害于孩子的身心健康，会令孩子情绪不佳、脾气暴躁，直接导致脏腑功能失调，并由此引发许多病症。

父母的溺爱分两种:包办型溺爱和放纵型溺爱。包办型溺爱培养出来的孩子，没有自立能力和独立精神。而在放纵型溺爱中长大的孩子，他们的心中只有自己。父母对孩子的爱一定要遵从适度原则，既不能过分宠溺，也不能完全放任不管。爱是孩子成长的必要养料，但是施用不当，也会产生很大的反作用，这一点父母一定要切记。

在过分溺爱孩子的家庭中，事无巨细，父母都要为孩子代劳，结果使孩子养成了颐指气使的习惯，稍不如意，他们就撒娇、闹脾气，让父母大感头疼。溺爱发展到最后，会导致孩子的依赖、自卑和任性心理，孩子会对外界缺乏明智的判断，总以为一切都是以自己为中心，都能让自己如愿。溺爱也会让孩子对父母产生严重的依赖。孩子不能独立，他们先是依赖父母，最后是依赖配偶或自己的孩子。受到溺爱的人一旦发现离开父母的照顾自己什么都不会，就会出现严重的自卑心理。

父母都知道溺爱孩子是不对的，不但不能帮助孩子成长，反而会使孩子受到不良影响。可是大多数家长分不清什么是关爱，什么是溺爱，更不清楚自己在对孩子的教育过程中是否存在溺爱，这就需要父母正确地把握爱的尺度了。

专家支招

为了保证安全，父母不让孩子一个人出门在外；也不许他和别的小朋友一起玩游戏；更有甚者，他们把孩子变成了“小尾巴”，时刻拴在自己的腰带上，含在嘴里怕融化，托在手上怕被风刮走。这样的孩子会变得胆小无能，丧失自信，形成依赖的心理；他们在家里是小霸王，到外面却很怯懦，具有严重的性格缺陷。

因此，父母对孩子的爱一定要适度，要做到“爱”而不“溺”。父母可以从以下几个方面做起：一是不包办代替孩子的事情，让孩子自己的事情自己做；二是不要轻易满足孩子的要求，更不能有求必应，这样只会导致孩子越来越任性，故事里的皮特就是一个活生生的例子；三是不要过分保护孩子，尽量让他们独立完成一些事情，培养孩子的独立生活能力。

父母的占有欲，刺激孩子的自私

张强是四年级语文老师，班上的孩子让他很失望。他们在老师面前是一套，在父母面前是另一套，在同学面前又是一套。有一个同学想当语文课代表，平时在老师面前表现得非常听话，甚至专门说一些老师爱听的话来讨好老师。

为什么孩子这么功利、这么自私？张强觉得和孩子的父母有很大关系。例如，有一天他班上的两个男生打架，结果两家的父母找到学校来闹事，都觉得自己的孩子吃亏了，都想要找回这个理。两方还找了社会人员骚扰对方。

父母对孩子的爱严重失衡，不像是无私的爱，更像是自私的占有。“我的孩子谁也管不着，什么亏也不能吃”，这样的父母教育出来的孩子，能不自私吗？

人的性格是在特定环境中形成的。现在很多家庭都是独生子女，孩子成了家庭生活的重心。父母一方面尽量满足孩子的各种需要，特别是物质需要；另一方面又会无视孩子的心理感受，自顾自地按照自己的期望打造孩子，并对孩子提出各种要求，比如听话、聪明、善解人意。父母不知道，他们为孩子的付出另有动机，那就是把孩子当作自己的私有物。

很多父母，在教育子女时，如果子女“顶嘴”“不听话”，他们就会生气，会倍感伤心。他们可以为孩子牺牲自己的一切，唯独不能牺牲自己的面子;他们可以付出自己的一切，唯独不能交出自己对子女的占有权和控制权。

这种控制欲和占有欲，其实对孩子的发展很不利。父母打着爱的幌子，把孩子当作了自己的私有财产，当作了宠物、玩具和赌注。所以，这类父母即使平时对子女宠爱有加，可一旦他们“顶嘴”，伤及自己的权威，便会立马翻脸。而一旦孩子不能让自己感到满意，就会生出恨铁不成钢的感触。

父母的占有欲，在客观上引发了孩子的自私。父母怎么对待他们，他们就会怎么对待别人。父母拿他们当私有物，他们就把他人视若无物。他们觉得自己的自私是理所当然的，根本不会把对别人的伤害放在心上。

如果父母发现自己对孩子有占有欲，一定要适时放手。占有欲会束缚住孩子的手脚，并且会让孩子形成自私自利的性格。当然，对已经形成自私心理的孩子，父母不必恐慌。发现孩子出现心理问题，本身就是一个教育的契机。孩子的可教育性和可塑性很强，只要父母认真对待，方法得当，就能收到良好的效果。

父母应该创造分享的家庭氛围。父母对孩子的爱不能提任何回报与要求，因为这种爱是无私的、不求回报的。父母不应该把孩子作为自己的私有物，而是要尊重孩子，因为他是一个独立的生命个体。在融洽的家庭氛围中，父母与孩子可以互相分享彼此的爱，分享彼此的一切。

专家支招

占有欲强的父母，应该降低对孩子的期望。高期望会给孩子带来很大压力，不利于孩子的成长。父母应该低调行事，无论是表扬还是批评孩子，都要保持冷静，切不可孩子给自己挣了面子就大张旗鼓地宣扬，孩子做错事就当着众人的面给予批评和指责。

另外，从孩子最在乎的食物开始，要适当而不是完全满足孩子的要求。任何情况下，如果孩子要求独占某样东西的话，父母一定不能放任孩子的这种心理。即使孩子大哭大闹或苦苦哀求，父母也绝不能让步，一定要坚持到底。

父母开空头支票，让孩子习惯撒谎

“小月，如果你下次大考能进入年级前10名，妈妈就请假带你去香港迪士尼乐园玩。”小月自从上小学三年级后学习成绩一直没提高，她妈妈非常着急，于是许下重诺。小月听后异常兴奋，非常努力地学习，竟然真的进了前10名。小月要求妈妈兑现诺言，但是妈妈推托起来。

小月还是不放弃，再三要求妈妈带她去香港，结果妈妈很生气，大骂她不懂事。小月万分伤心，从此再也不相信妈妈的话了，学习也失去了动力。结果成绩一落千丈不说，小月还学会了撒谎。做了什么错事，她往往不是撒谎就是找借口，不肯承认错误。

在亲子教育中，父母对孩子一定要做到言而有信。父母守信就可以培养孩子遵守诺言的意识，这是一个非常重要的品质，甚至可以说是无价之宝。美国儿童心理学家罗达·邓尼说过：“父母错了，或违背自己许下的诺言时，如果能向孩子说一声对不起，不仅可以帮助孩子建立自尊，同时还能培养孩子尊重人的习惯。”

然而，在现实生活中，许多父母并没有信守承诺的习惯。他们常常给孩子开空头支票，向孩子许下这样那样的承诺，但很少兑现。久而久之，孩子对父母的做法习以为常，也就有样学样，不会去遵守自己许下的承诺。

许多时候，父母为了达到目的，随口哄哄孩子，对孩子做出承诺，希望给孩子的进步增添动力。然而，当这种随意的许诺不能实现的时候，父母不是正面去解释或承认自己的不当之处，而是为自己的不守信用寻找各种借口。这样带来的结果是，以后孩子也会为自己寻找各种借口，逃避责任，甚至是撒谎。

当父母因为客观原因影响了诺言的兑现，孩子感到失望、委屈时，父母不可强迫孩子接受许诺不能兑现的结果，而应主动、诚恳地向孩子道歉，把原因跟孩子讲清楚，以取得孩子的理解和原谅，并在以后寻找适当的机会兑现自己以前没有兑现的诺言。

即使孩子暂时无法谅解，也不能用呵斥、教训的方式对待孩子，应该允许孩子发牢骚、表示不满。有时，孩子只是因为已经事先在同学、朋友面前炫耀过了，怕没有面子，所以才失望、抱怨。孩子即使埋怨父母，说父母是大骗子，也只是一时的言语过激，而且这些都是短暂的行为，不会为其将来埋下隐患。

父母要谨记:对孩子必须言而有信、以诚相待。这样，孩子才会对父母产生充分的信任感，也才愿意把自己的心里话告诉父母，从而形成良好的亲子沟通。父母是孩子的镜子，也是孩子模仿的对象，只有言而有信的父母，才能在子女心目中树立起好榜样，才能避免孩子养成说谎的坏习惯。

专家支招

父母在孩子面前尽量要兑现诺言，这分两方面来理解：第一，尽量不要用许诺来刺激孩子；第二，许诺孩子的事情，就一定要做到，免得让孩子受到坏的影响，觉得人可以言而无信，可以撒谎。

父母设置“附加值”，导致孩子心理障碍严重

有个3岁的孩子，会背几十首唐诗，还会进行简单的英语对话。这个孩子的智商很高，但与人交往的能力远远低于同龄的孩子。无奈之下，孩子的父母请来了心理专家。当孩子见到这位陌生的专家时，竟然紧张得尖叫起来，胆怯地躲在家人身后。心理专家发现，这个孩子已经患上了恐惧症、焦虑症等严重的心理疾病。

原来这孩子一出生，就在四代同堂的大家庭中生活，所有的长辈都对他寄予了莫大的期望。孩子虽然有很多玩具，但他的游戏中有很多“附加值”:需要在拼图游戏中看图识字，在玩积木游戏中学会简单的算术，甚至变形金刚上都贴有英文名字。久而久之，孩子在游戏中得到的快乐越来越少，心理障碍越来越明显。

让孩子玩游戏，但是孩子体会不到游戏本来的乐趣，长辈们就这样摧毁了一个孩子天真的童心。

这个事例说明，当下很多亲子教育已经走入误区。许多父母对孩子期望过高，忽视了孩子爱玩的天性;一心培养孩子的高智商，却忽略了孩子情商的培养，结果造就了一个个“小病人”。作为父母，应遵循孩子的

身心发展规律和年龄特点，从实际情况出发，采取孩子乐于接受的方式，寓教于乐，让孩子在玩乐中成长。父母切不可急于求成，更不能拔苗助长，否则只会给孩子带来终生的遗憾。

游戏是孩子学习的最佳方式，也是培养孩子情商的最佳训练方法。在游戏中，父母不应以自己的价值取向来对孩子的游戏提出要求，追加游戏的“附加值”。

正确的做法是，父母应让孩子充分发挥他的想象力与创造力，充分享受游戏的乐趣，做游戏的主人。父母应该意识到，在游戏中“不听话”“犯错误”在孩子成长过程中都是很正常的事情。

例如，1 岁的孩子正在不停地开关电视，此时爸爸正在和一个客人聊天。爸爸很不高兴，对孩子说:“不可以碰电视！”孩子却像没听见一样，把电视机一次次打开又关上，这让爸爸更加不高兴。其实孩子并不是在故意犯错，他只是沉浸在“我能开电视了”这样简单的快乐中。

父母们经常犯的错误，就是把孩子天真的探索行为看作是有意的捣乱。另一个错误则是对孩子期望过高，以为孩子能理解自己的命令，立刻停止“糟糕透了”的行为。

孩子这么做，只是因为他发现了一个游戏，并且从中得到了很大的乐趣。而父母总是希望孩子能够更懂事，这不是聪明的做法。每一个父母都会对孩子有所期望，这些期望可能是孩子的动力，也可能是孩子的压力。聪明的父母绝对不会在孩子游戏的时候，对孩子提出过高的要求，他们只会希望孩子“享受游戏”。而且，不仅孩子应该享受游戏，父母也应该享受游戏。

父母对孩子的期望，最好能结合孩子的发育水平、兴趣范围、个性特征。父母要记住，期望只和孩子个人有关，与其他的孩子表现如何无关。此外，父母也不应该在孩子未到达一个发展阶段时就期待他们能有那种作为。比如说，有些父母会期待一个还不知道分享为何物的婴儿与其他人分享玩具，期待孩子能与其他人融洽相处。这样的父母不切实际，对孩子的心理简直是一无所知，他们需要接受再教育。

专家支招

每个家长都对自己的孩子有很高的期望，但有时期望过高反而会引发孩子情绪问题。“爱，有时也会成为一种伤害。”心理学家通过临床观察，发现孩子心理问题的产生，与父母对他们的期望关联很大。

影响孩子心理健康的因素中，父母是首要因素。父母应该注意自己的言行，对自己的角色也要有正确定位，不要让过高的期望伤害了孩子。期望过高并不能给孩子带来有益的帮助，反而只会增加孩子的压力，诱发各种心理问题。只有多关心孩子，给孩子自信，孩子才会越来越接近父母的期望。

父母使用冷暴力，给孩子带来一生的阴影

翔翔是个优秀的男孩，在家里听话，在学校里成绩好，还乐于帮助同学，连续两个学期都被评为优秀学生。有一次，老师组织了学习互助小组，安排翔翔帮助一个后进生提高成绩。所以放学后，他们总是一起温习功课，翔翔因此也总是回家很晚。

爸爸以为他在外面网吧玩游戏，有一次不由分说地就批评了他。后来，虽然知道了事情的原委，爸爸也并没有向翔翔道歉，反而对翔翔冷嘲热讽：“你的成绩有那么好吗？你还是等拿到了第一名再去帮助其他人吧。”

翔翔因为爸爸的这些嘲讽，变得郁郁寡欢，后来再也不敢帮助同学了，和同学的关系疏远了很多。而且翔翔觉得爸爸一直对自己不满意，心理压力很大，成绩也受到了影响。这下爸爸又开始嘲讽起他来。他和爸爸的关系也紧张起来，亲子关系陷入了低谷。

冷暴力是暴力的一种，其表现形式多为冷淡、轻视、放任、疏远和漠不关心，致使他人精神上和心理上受到侵犯和伤害。有些父母总以自己的想法来要求孩子，一旦孩子达不到自己的要求，便对孩子冷眼相向，

不理不睬。而如果孩子犯错，则会很长时间看不到父母的笑脸。受父母情绪的影响，在学校里孩子对同学也不友好，还会顶撞老师。

父母感情失和，爆发冷战，孩子作为第三者往往会成为冷暴力的受害者。父母会用“别来烦我”“你跟你爸爸一样，不是好东西”来打发孩子，伤害了孩子而不自知。特别是父母离异的单亲家庭，父母的消极情绪会产生很不好的影响。父母会疏于和孩子进行亲情沟通，有的父母因为感情的失败自暴自弃，酗酒赌博，夜不归宿，即使回到家也不怎么和孩子说话，虽然在同一个屋檐下，却好像陌路人一样，家庭冷暴力非常明显。有的孩子因此患上自闭症，甚至因为压力大走上了轻生的道路。所以，在亲子教育中，父母谨记不要对孩子使用冷暴力。即使成人之间再有什么矛盾，也不能拿孩子当出气筒。

天下没有不疼爱孩子的父母，父母的所有决定，其出发点也都是为孩子好，并不会有意伤害孩子，不过结果未必如父母所想。面对冷暴力，孩子未必能理解父母的心情，他们只会被这种暴力伤害得更深。而这种伤害反过来也会伤害父母。

杜绝冷暴力最好的方法是良好的沟通。只有建立了良好的沟通，父母才能更好地引导孩子。而父母也应该对自己提出更高的要求，应该更有耐心，更讲究方法，不能对孩子使用冷暴力。

专家支招

父母是孩子的第一倾诉对象，所以父母应该对孩子敞开心扉。父母只有对孩子敞开心扉，孩子才会对父母也敞开心扉，说出心里话。如果父母总是对孩子实施冷暴力，那么孩子患上心理疾病，比如自闭症等就在所难免了。这是父母不愿品尝的自酿的苦酒吧？

父母互相拆台，导致孩子的自闭心理

强尼的爸爸是一位教师，妈妈是一位护士。强尼的老师有一次做家访的时候对强尼的爸爸说，强尼在学校是个乖学生，但是总闷闷不乐，有点自闭，不爱与人交流。他想知道强尼为什么会出现这样的状况。

原来强尼的父母关系不好，强尼在家中十分不快乐，心理压力很大。在给强尼做心理治疗的过程中，心理医生发现，强尼的爸爸总是避开强尼妈妈的目光。而强尼的妈妈也是一样，她将对丈夫的怨恨和不满全部写在了脸上。

强尼的父母已经多年不和。丈夫觉得妻子事事苛求，妻子觉得丈夫不负责任。多年来夫妻二人一交谈就会争吵，因此尽量避免接触。强尼在这样的家庭氛围中，倍感孤独，慢慢形成了内向、自闭的性格。

幸福的家庭是相似的，不幸的家庭各有各的不幸。在父母不和的家庭中，孩子的心理问题会更明显。作为第三方孩子往往会被卷入父母的冲突中，不是控制者就是牺牲者:孩子利用父母不和的关系，成为控制者，这会让孩子完全自私化;父母不和导致孩子消极、自卑甚至绝望，孩子成为牺牲者。

心理学家鲍文提出过一个重要的三角理论。他说，当一个二人系统遇到问题时，就会自然地把第三者扯入他们的系统中，以减轻二人间的情绪冲击。因此，父母不和，孩子常会被卷入“战争”中，形成一种三角关系。

父母感情不和，会影响到对孩子的爱抚、教育，并将影响到孩子智力的发育。在家庭中，孩子接触机会最多、印象最深的就是父母。如果父母感情不和，经常吵架，甚至家庭破裂，这在孩子幼小的心灵中会留下深刻的烙印，这些阴影对孩子性格的形成与发展，以及心理的发育，都有极大的不良影响。

要想让孩子身心健康，父母必须维护良好的家庭氛围，从相互指责、怨恨中解脱出来，代之以和谐的家庭氛围。父母失和，家庭不睦，最受伤害的是孩子。当父母之间产生矛盾时，哪怕是因为孩子引起的，也千万不要在孩子面前表现出来，更不应该因此指责孩子。孩子往往会把父母吵架的原因归咎于自身，认为是自己做错事或者是表现不好，才导致了父母的争吵。长期生活在内疚和罪恶感中，孩子容易形成自卑心理。另外，孩子内心充满惶恐和无奈，担心自己会成为出气筒，同时也担心自己表现不好会加剧父母的矛盾，因此有可能形成双重人格。

家庭矛盾会给孩子造成很深的影响，孩子容易形成畸形人格。如果父母整日吵吵闹闹，不会控制自己的情绪，在这样的家庭里长大的孩子难免会有这样那样的心理问题。为了孩子，也为了自己，做父母的应该放弃一些利益的追逐，多用心经营自己的家庭，多关心孩子，给他们一个温暖的家，这也就是给了他们一个健康的身心，从而让他们的未来充满希望。

专家支招

父母即使有再大的分歧、矛盾，也不要当着孩子的面互相拆台、指责和争吵，更不应该发生家庭暴力。这些会给孩子的心灵留下阴影，会对孩子的一生产生难以磨灭的影响。

愿你能——
真正走进孩子的心里……

享受——
美妙的亲子时光……